周冲 著

我更喜欢
努力的 自己

湖南文艺出版社
HUNAN LITERATURE AND ART PUBLISHING HOUSE

博集天卷
CS-BOOKY

N L N L N L
J J J J

CONTENTS 目 录

我更喜欢
努力的自己

序言

01

狠狠爱自己，

哪怕看起来很自恋

02

无趣的人生

不值得度过

CONTENTS 目录

我更喜欢
努力的自己

03 最怕你一生碌碌无为，
还安慰自己平凡可贵

04

好朋友

为什么会逐渐疏远

CONTENTS 目 录

我更喜欢
努力的自己

05 真正的教育
就是拼爹

06

女超人赢得世界，

女病人获得爱情

Preface

序 言

2014年，我出了人生中的第一本书。当时我还在中国一个小县城里教书，大龄未婚，人轴，还不切实际，自然周遭敌意重重，我困顿于彼处，苦于无法脱身。发展到后来，就像一个现实版弗兰肯斯坦，心中充满了愤怒，和周遭不断对抗。

这种对抗消耗着我，令我日夜煎熬，草木皆兵，像一个停不下来的战士一样痛苦。

不过，这种感受也帮助了我，它使我更加坚定一个念头：此地不宜久居，必须尽我所能地离开。

离开也别无他途。

一无背景，二无钱，三无关系，只有投资自己，不断修炼技能——写作，将它当作《肖申克的救赎》里的那把小锤子，日日凿，夜夜挖。终于，在2015年3月，我拿着第一本书的稿费，带上相关资料，向校方辞职：本人自愿离开体制，放弃公职，一切后果自行承担。

辞职很顺利。

只有几个中年领导说："你太冲动了，多少人削尖了脑袋要钻进来，你还离开……你会后悔的！"

我说："我不会。"

是的，虽然当时我也不知道前方等待我的是什么。一如孤独的原始人，闯入新的蛮荒之地。但不知道为什么，总有一股力量在支撑着我，它发出模糊又坚定的信息："别怕，周冲，走下去！别回头！"

就这样离开了。

基于对北上广深的向往，买了机票，飞到广州，开始自由写作。

如今，两年一晃而过。

我拿到了广州户口，买了房，买了写字楼，买了车，嫁了人，家人都被我接到广州定居，月薪和从前相比，涨了几百倍。最关键的是，现在的工作，能最大限度地免了受辱，能做自己的主，像个人，不是物，不是奴，不是机器，所言所行，皆为此生所求之事。所以，时光的流逝都成为一种隐秘的福报——每一分每一秒，都在成就我，而非消耗我；都在建设我，而非破坏我。

因为这些，我极其感恩，也可以无愧地说："我选择对了！"

母亲也感叹："我以前也觉得你傻，想不到傻人也有傻福，命还不错……"

我说："妈，别信命，信自己！"

世间有救世主吗？我没福气，没见过。我一直坚信的是，人是自己的救世主。居于困境与僵局时，向外界企求救助无用且可笑，哪怕是命，哪怕是神明。能带来改变的不是别人，是你自己。你只有蹲下来，向羽翼未丰的自己说："站起来！"当你站起来，你就会看见道路。

这两年除了物质与境遇的改变，圈子与想法也与从前大为不同。

从前的微信联系人里，大多是小富即安、知足常乐的熟人，而今的微信联系人里，多数是生机勃勃的年轻人，有斗志，不服输，情商、智商、野心都一直在线，年薪过百万，活得姹紫嫣红。不得不说，处于这种圈子，你想停都停不下来。

与此同时，视野与写作也开始变化。

最初我只关注自己，写散文，私人化，偏矫情，爱生僻词，爱矫揉造作、顾影自怜，对现实与理性都不太在乎。所以，写了非常多漂亮的废文。

后来发现，写再多这种文章，无论从务实意义，还是务虚意义，都没什么用！

1.不能让自己更自由。

2.不能让自己更理性。

于是改变写作方向，从大众的痛点进行思考和写作，比如亲密关系、女权主义、经济、教育、心理学……渐渐形成现在的文艺理性风，从客观的角度，以文艺的笔触去解读人间事与人间情。

按这个方向努力，公众号很快就收获了100多万读者。

许多人会守在夜里，等着每天的推送，如果喜欢，给予鼓励，如果有意见，就会给予批评。因为他们，我对写作更加谨慎，也更加敬重和谦卑。从2015年至今，除了吃喝拉撒，每天只做一件事：写。这是我唯一专注的事情，也是唯一不愿造次的事情。文字是有灵气的，你一旦敷衍，所有人都能感到那种无力和粗糙。你要像个被梦想俘虏的孩子一样，缓慢又笨拙地带着盛大的热情写下去。不油皮，不轻佻，不走捷径，才对得起市场和良知。

去年，责编来广州，商谈出书的事情。加上自己也想对这三年有个交代，犹豫了半晌，签了下来。

责编是一个极其负责任的女生，如果没有她，第二本书不会问世。

她以专业的眼光、惊人的耐心、负责的态度，将书的每一个细节，都敲定得无比完美。就这样，我的第二本书《我更喜欢努力的自己》经过漫长的着床期、怀孕期、临产期，终于落地了。

和第一本书一样，很忐忑，像害怕自己生出的孩子别人不喜欢，轻看了他，薄待了他。

但我又想：我应该相信自己，也相信这本书。

因为，它是有诚意的。

近几年来，我写过几百篇文章，已发的，未发的，责编从中反复甄选，挑出最精华的几十篇，反复整理，反复修改，收编成册，以飨读者。

它会告诉你，孤独的人如何爱，贫困的人如何富有，迷茫的人如何选择，无力的人如何前行，心怀创伤的人如何幸福……

所以，这是一本我有勇气交出去的书。

虽然它依然不完美，依然有进步空间。但不着急。我们都慢慢来。这是一条注定要走一生的路，那么，就像一个失聪失明的人一样，摸索着，思索着，坚定地走下去。未来不管遇见什么，无论是一马平川，还是一路坎坷，我全部认领。因为，在挚爱之事中，光阴流逝已使我心安。

006 .

01

狠狠爱自己，

哪怕看起来很自恋

女人越自律，活得越高级

所有的软弱，都是昂贵的

狠狠爱自己，哪怕看起来很自恋

买 10 000 件衣服，你为什么还是不好看

姑娘，你一定要很有钱

当你说焦虑得想死时，你在说什么

缺乏安全感是最常见的"妇科病"

女人越自律，
活得越高级

杨丽萍曾接受采访，在她的练功室，有人问她："你这么瘦，每天吃多少食物？"

她打开自己的饭盒：一小片（注意，是片）牛肉，半个苹果，一个鸡蛋。这就是她的午餐。而且，还是在高强度、不间断的舞蹈训练时，所食用的午餐。

看到她的食物时，相信每个人都会感觉自己是头牛。

在一天到晚静坐的日子里，我们还吞咽一堆堆的油腻高热量食物，无法自控，犹如饕餮，导致身体肥胖，感觉沉重，无止境地往下堕着，堕着，离轻盈自由之态越来越远。

采访者继续问："饿不饿？"

她答："热量已经够了。你看我还不是照样跳舞，从没有倒在台上。"

　　看到此话，一个词跃然而出：自律。她已经通过理智分析，把自律意识融入自己的血液，成了自动遥控器，成了一套心理程序，一到饭点，自然而然地照做。而做到了这样的自律，任何人都不会活得低级。所以，杨丽萍哪怕已经 58 岁，依然有仙姿，有灵气，依然是一个精灵，不少人与之相比，都多了一层油腻的俗气。

　　40 多年前，心理学教授沃尔特·米舍尔（Walter Mischel）做了一个著名的棉花糖实验。

　　他召集了数百名 4 岁的小孩子，让他们待在一个房间里，房间的桌上放着一块棉花糖或者饼干。他告诉小朋友：他会离开房间一会儿，桌上的零食可以吃掉，但如果能等到他回来后再吃，就会获得双倍的糖果和饼干。

　　教授离开后，有些小孩儿 1 分钟也等不及，马上吃掉了零食。有些则可以等上 20 分钟，获得双倍奖励。

　　实验的有趣之处，在于孩子们长大后的表现。

　　1981 年，参加过棉花糖实验的 653 名孩子都已经进入高中，米舍尔给他们的父母和老师发去了调查问卷。

　　结果发现，不擅长等待的孩子，普遍更有行为问题，无论在学校或家里。他们的 SAT（学术能力评估测试）成绩较差，不擅长应对压力环境，注意力不集中，交不到朋友。而能够等待 20 分钟的孩子，比只能等待 30 秒的孩子，SAT 成绩平均高出 210 分。

实验还在进行。

在孩子们进入而立之年后，两拨孩子也出现了明显不一样的表现。不擅长等待的孩子，成年后更容易体重超标，沾染毒品。而擅长等待的，则普遍获得更大成就，身材更苗条，家庭更和睦。

我是在 30 岁以后，才渐渐懂得自律的重要性。

我曾经也觉得，人要秉持一种轻松的生活观，想吃就吃，想喝就喝，毕竟，人生苦短，及时行乐，方不辜负。但年岁渐长，才发觉不对。

在《意志力：关于专注、自控与效率的心理学》这本书中，有这样一段话：

最主要的个人问题和社会问题，核心都在于缺乏自我控制：不由自主地花钱借钱，冲动之下打人，学习成绩不好，工作拖拖拉拉，酗酒吸毒，饮食不健康，缺乏锻炼，长期焦虑，大发脾气……

而缺乏自我控制，必导致一系列人生悲剧：身材变形，罹患疾病，失去朋友，被炒鱿鱼，离婚，坐牢……

比如，一个从不节制食欲的人，现在可能会很胖；一个一天到晚只想嗨，赶每一个酒场，赴每一次聚会，玩转每一个 KTV 与酒吧的女人，自觉风情万种，却不知，别人一提起她，大多满脸鄙夷，少有人看得起；一个听从购物欲，一遇打折便疯狂下单的人，可能现在依然邋里邋遢，没档次，无品位，浑身的廉价气质。

是的，在这个社会里，我们很容易听到美化堕落、懒惰、不自律来让自己心安理得的漂亮言辞。

我们会说，放纵自己，就是善待自己。

我们会说，处处谨慎小心，太窝囊了，太失败了……

其实不然。无论是学业、职场，还是个人生活，自律都是获得成功的最最最重要的因素。

有一项心理学研究，调查何种因素会影响大学生的成绩。

研究人员先将可能有用的品质都列举出来，诸如积极、开朗、幽默、严谨、健谈、冷静、内向、爱阅读……30多项。接着，找了数百名学生进行一一测试。最终发现，这些品质对成绩好坏没有根本性的影响。唯一能影响成绩的，就是自控。甚至，这是比智商更加重要的指标。

能管住自己，该读书的时候读书，该听课的时候听课，该做作业时做作业，那么，他就很可能会获得骄人的成绩。

在生活中也是一样。

自控力强的人，比较少患心理疾病，工作更有效率，较多有共情同理心，更受人信任，也更容易成功。

因此，罗伊·鲍迈斯特在《意志力：关于专注、自控与效率的心理学》一开头，就说了这段话：

不管你如何定义成功——家庭美满，拥有知己，腰缠万贯，经济有保障，做自己喜欢做的事情，心灵健康，内心富足等——往往都要具备几个品质。

心理学家在寻找这些品质时，一致发现：自制力，才是它的重中之重。

当然，生活方式的选择，是每个人自己的事。

任何一个有志有趣有品者，都会向着更好的方向，努力摆脱自身的脏乱差，获得更加真善美的人生。只有如此，我们才会感叹：生而为人，真好！

那么，怎样才能做到？

康德说，自律使我们与众不同。自律令我们活得更高级。也正是自律，使我们获得更自由的人生。他的推理是这样的：假如我们像动物一样，听从欲望，逃避痛苦，我们并不是真的自由行动。为什么不是？因为我们成了欲望和冲动的奴隶。我们不是在选择，而是在服从。

但人之所以为人，就在于，人不是被欲望主宰，而是自我主宰。只有自我主宰，才会获得自由。

前些天，在朋友圈看到一段话，说得妙极。

它是这么说的：

我对任何唾手可得、快速、出自本能、即兴、含混的事物没有信心。我相信缓慢、平和、细水长流的力量，踏实，冷静。

　　我不相信缺乏自律精神、不自我建设、不努力，就可以得到个人或集体的解放。当你亦拔剑四顾，满目茫然，困在生活的荒漠、现实的牢笼中，不知何去何从。

　　请记得，通往自由之境的，唯有一条路可走：以自律之法，规避掉麻烦，摆脱掉羁绊，集中精力，全力以赴，前往你想去的远方。

　　或许，穷极一生，借此之途，你也无法抵达梦想的乌托邦。但是，在前行的路上，你一定会充满欣喜，充满福祉，遇见自我的桃花源，遇见意志的理想国。在那个大同世界，你会与自己重新相爱，与他人握手言和，同时对世界说："我生，我爱，我无悔！"

所有的软弱，
都是昂贵的

契诃夫有一部小说，名叫《柔弱的人》，讲述一个主人，巧立名目，剥夺家庭教师的工资的故事。

首先，他扣除她的周末，把整整两个月，变成一个多月。

"不，您工作不到两个月。"

再接着，把孩子生病的日期扣除，把游玩的日子扣除，把她身体不适时的午休扣除……有效工作日便所剩无几了。

可怜的姑娘站在那里，看着自己被残酷地剥削，眼眶湿润，嘴唇嗫嚅，却什么也说不出来。

事情还没完。

接下来，主人又把不归她负责的过错，比如孩子的衣服被剐破了，仆人盗走了鞋……都推到她身上，借这个名目，又扣除了一大笔钱。

后来，他还撒谎，说她预支了 11 卢布，她挣扎着："我从来没有支过。"但还是被算进去了。

她站在那里，像刀俎上的肉，砧板上的鱼，任由雇主宰割。

最终，原本应该 80 卢布的工钱，她只得到 11 卢布。

最令人感慨的是，当主人把 11 卢布交给她时，她接过去，对主人说："谢谢！"

你看，当一个人太过柔弱，会吸引怎样残酷的命运。

她会为恶大开绿灯，会对不公低头默许，会鼓励剥削得寸进尺、变本加厉，直至没有榨取的价值。

而在一桩接一桩的噩运中，她不会迎来自我解放，反而一门心思演绎并确认自己的"受害者"角色，无法直立行走和勇敢拒绝。

甚至对恶满心感激——

"没有您，就没有我的 11 卢布，谢谢您！"

小说的末尾，契诃夫借主人的嘴说："在这个世界上做个作威作福的坏人，原来如此轻而易举！"

当然轻而易举了。

缺乏说"不"的能力，如何披荆斩棘，如何祛蠹除奸，去往自由、独立、勇敢的远方？！

弗洛伊德·德尔也写过一部小说，叫《一顿午餐带给我的教益》，讲一个穷学生，招待远道而来的姑姑。

姑姑一直在提出高要求。

比如，去好饭馆，吃最贵的菜，品最好的鱼子酱，喝最高级的葡萄酒，还有奶油、水果、咖啡……账单上的费用越来越高，直至穷学生倾尽所有，也无法支付。

付款的时候，姑姑说："孩子，你的这种做法未免太傻了，不值得。"

"可这是应该的。"

"你在大学里学的是语言专业，知不知道最难说的是哪个字？"

"不知道。"

"亲爱的，是'不'这个字。在你一生中，与人交往时，你得经常使用'不'，即使面对女士也是如此！"

许多时候，我们都如两个主人公一样，柔弱成性，讨好成性，明明被欺负，也只躲在角落抹眼泪，或者阿Q式愤愤曰："恶人总有恶报，不是不报，时候未到。"

但这样，不仅带不来好处，反而代价更昂贵。

你会清晰地感觉到，不公的事在你身上发生得越来越多。

不该你支付的钱，你在支付；

不该你负的责任，你在负责；

不属于你的劳作、苦役、牺牲、付出，你都在承担。

在这种奴役中，真实有力的声音，会越来越弱，取而代之的，是你无止境的抱怨与暴戾。

这些抱怨与暴戾，必会以发泄的方式，转移到孩子身上，使孩子继承你的怨气与戾气。

我也是花了很长时间，才弄明白一件事。

真实地表达自己的态度，哪怕是拒绝，哪怕是讨厌，都比含混不清更加慈悲。

不仅是对己，也是对人。

因为，当人人界限分明，人人真实有力，人际交往会变得清晰而自由。

你在我的"不"前止步，我在你的"不"前驻足，不过界，不逾矩，不打扰，自然而然地，每个人都会感到和平自在，慈悲安宁。

这就是关系中的双赢法则。

还有一种双输法则，指的是缺乏清晰边界，无视真实自我，索取外界认可，对别人虚伪，对自己残忍，最终，谁都不舒服。

在许多励志电影中，我们都会发现一个情节：

当主人公软弱，会吸引源源不断的无底线的欺侮。但他站起来，大声说："不！"一番争斗之后，这种打扰就会越来越少，恶渐行渐远，直至淡若无痕。

比如《猩球崛起》里，凯撒面对种种不公，忍无可忍，积攒全身力量，发出一个地动山摇的词："No！"

自此，世界完全更改。

先前束缚它的、奴役它的、困惑它的，全部土崩瓦解，变成它的坦途、它的战场、它的自由之境。

而它，不再是奴隶。

是的，在这个世界上，无力者遍地行走，总是不自觉地讨好，低下头，软下去，底线一再下调，尊严与利益一再失去。

但，请你一定要记得：

从不说"不"，不是善良，而是无知软弱。

学会说"不"，不是残忍，而是自由真实。

而一个人自由真实，也必然会吸引自由真实的关系，获得自由真实的人生。

狠狠爱自己，
哪怕看起来很自恋

电影《怦然心动》讲了一段唯美的初恋。

在所有人都还小的时候，朱莉就对布瑞斯一见钟情。

美妙的清晨，柔软的草坪，她跑向他，牵他的手，对他说："嗨，我是朱莉，需要帮忙吗？"

那一年，他 7 岁，正上二年级。

他感到困惑，对这样的热情和勇敢。因为，他的父母教会他的，是克制、虚伪和曲意逢迎。于是，在未来的六七年里，他一直在躲避朱莉。

这样你追我赶，你进我退，直到多年以后，方才慢慢结束。

而在这期间，朱莉一直以她的聪慧、善良、勇敢和爱，陪在他的身边。

有一天，爷爷告诉布瑞斯："有些人金玉其外，有些人败絮其中，可是有一天，你会遇到一个彩虹般绚丽的人，从此以后，你发现其他人都不过是浮云而已……"他这才慢慢地看见真实的朱莉。

故事很美,音乐与台词,风景与细节,外加小演员的演技,都自然唯美,看得能让僵化的心脏再次悸动。

可是,之于我,更惊艳的,是朱莉的性格。

她那么小,就已经学会了爱。

她热情地帮助布瑞斯,大方地与布瑞斯相处,不委屈地付出,不控制地相处,但在布瑞斯伤害到她的尊严、家人和底线时,她马上止步。

关系结束之后,也没有以受害者自居,亦不评价与抱怨,只是继续努力,继续行善,继续以爱心福及身边每个人。

这样的孩子,不得不说,真是光芒万丈的存在,令许多大人,都为之汗颜。

一个朋友说:"朱莉的爱,源于她的自爱。"

她实在是一个健康的孩子,自我尊重,自我接纳,自我爱护。因此,在人际交往中,会将自我的健康关系,投射到与他人的关系上。

她会将多余的鸡蛋,赠送给附近的每个人;

她会在得知大树将被砍伐时,勇敢地去保护它……

爱克哈特有一句格言,总结了关于自爱的思想:"你若爱己,那就会爱所有的人如爱己。"

如若不爱,就容易导致依赖、控制、救赎病、付出成瘾等一系列毛病。

比如电影《一半是海水,一半是火焰》里,男主角是一个自我憎恶的人,于是，他对待爱情的方式，就是毁灭＋控制。

而女主角，亦是心理匮乏之人，她爱的方式，就是依赖＋压抑＋付出成瘾。

而在日常生活中，我们也常常能看到，许多爱得痛苦不堪的人，往往都是两个不自爱的人。

不自爱，就会匮乏，-100分的缺憾，需要别人用+100分的爱来填满，稍微填不满，就会抱怨和指责。

而自爱，就会自我满足，-1分的缺憾，只需要对方用+1分的爱来弥补，就能皆大欢喜。

有一个女友，曾经很胖，162厘米的身高，体重达到了150斤，又无心打扮，人看起来极其笨重无灵气。

后来，不知怎么慢慢美起来了。

体重降到了90多斤，护肤与妆扮也都讲究起来，再加上喜欢读书，人也低调优雅，瞬间成了男士关注的焦点。

我对她改变的动因没有兴趣，但问了一下："变美前后，心态有没有变化？"

她说当然有。

当她丑陋且肥胖时，她对自己的厌恶是空前的，会很敏感，很无助，控制性和攻击性非常强。因此，很难处理好与恋人的关系。

但是，当她美丽起来，看着镜中的自己，曼妙而迷人，自己都要为自己心动，对恋人的态度，忽然就好很多。

因为，她能给予自己爱和关注，于是，匮乏缓解，不再紧张不安，不再患得患失，从前不能忍受的不秒回微信，也变得无关痛痒；从前必然引发怒火的晚归，也觉得无可厚非了。

也就是说，她的自我接纳，正在改善他们的关系。

而他，因为她给的自由，以及她的温柔，亦开始改正一些毛病，为两人的感情积极努力，形成良性循环。

当然，爱自己，并非改良外貌一途。

你还可以通过阅读、交友、旅行、看心理医生、创建一项伟业、参与公益活动等来达到这一目的。

总而言之，你得先爱自己，才有可能爱他人。

正如《圣经》所云："爱他人如同爱己。"

虽然，在我们的固有观念里，爱他人——最好是爱集体、爱社会、爱民族、爱国家——是一种美德，而爱自己，却是一桩罪恶，因为与利己相关。

但其实，我们有个地方弄错了。

利己不是自爱。

恰恰相反，利己是太不爱自己——内心太过匮乏，于是，需要其他东西的满足，来弥补、掩盖、补充虚弱的内心。

真正的自爱，是尊重、理解、爱和谅解自己，继而尊重、理解、爱和谅解别人。

就像一阵风，影响另一阵风；

一圈涟漪，影响另一圈涟漪；

一个良人，吸引另一个良人。

买 10 000 件衣服，
你为什么还是不好看

你总是在买衣服。

你像一个瘾君子，像一个病人，像那个著名的皇帝，无法停止购置新衣的冲动。

逛大街小巷，买了一堆。

逛某宝，拍了几件。

甚至微商，你也会入手一二。

你的衣柜里塞满了华服，衣架上挂满了衣物，角落的纸箱里，还有几十件你几乎不会再穿的单品。

几乎 60% 的衣服，你买回来后，往某个地方一扔，从此打入死牢，永不见天日。

它们只在一个地方，曾经光芒万丈——在刷卡之前的想象中。

当它跟随你回家，想象坠地，美物沦为常物，甚至废物。

你有时也觉得自己浪费过多。

但你会安慰自己：没有合适的场合穿，没有合适的搭配（这个理由又会促使你买买买），没有合适的对象，没有合适的心情……配得上这身华服。

你会为自己找借口：现在身材不好，等减了肥，我再来穿它，那样才穿得出效果。

你会期待下一个季节：等夏天来时，等冬天来时，等春天来时……可是，下一个春、夏、秋、冬真的来临，你又觉得：换季了，我没合适的衣服穿。又扑到网店或实体店，去购买新装束。

不知不觉，光阴渐老，锦衣渐旧。

等到搬家或清理旧物时，你才大吃一惊，原来自己买了那么多重复的、无用的、多余的单品。

你算了一笔账，你大概花了5位数，为自己的冲动埋单。

如果这些钱，用于投资自身，用于拓展经历，用于修炼技能与增长知识，你会得到多么棒的生命体验。

可是，你会停下刷卡的手吗？

你当然不会。

你有无数个理由，来为下一套衣服埋单：

1.我可以变得更美；

2.我要参加一次重要的约会或聚会；

3.我想像明星一样，千般变化，万种造型，每天都给人以新鲜感；

4.心情不好，买件衣服怎么了？

5.人不爱美，天诛地灭。

你总是想，绣罗裙，桃花妆，荷衣蕙带，扬眉转袖，一笑倾人城，再笑倾人国。想想有多爽？

可是，佳人只存在于你的脑海中，当你睁开眼睛，面对镜子中的那个人，你立即跌回现实。

你觉得自己难看、肥胖、老土、没有气质……

你觉得自己低人一等，矮人半截……

你觉得自己穿着旧衣服，就没有人会注意到你……

你觉得自己永远都达不到自己的理想状态……

你无法接纳你自己。

无法接纳自己，才是真正的问题。

你之所以不停地购买，其根源不是——衣服都不好看，而是——我穿什么都不好看。

衣服不是问题所在，"我"才是问题之根本。

一个厌恶自己的人，必然会对世界充满不耐烦，也会对物品缺乏长久的热爱。

一个挑剔自己的人，必然会对世界锱铢必较，也难以对物品产生长期的信任和好感。

因为，你对自己的态度，会投射出去，使外物带上你的特征。

慕尼黑大学心理学博士高璇解释说：

从象征的意义上讲，衣服是我们展现给外部世界的第二层皮肤。

当原本摆在商场里的某件衣物，成为我们自身的一部分，我们就会把一贯对待自己的态度——比如挑剔——扩展到那件已经被特殊化的"我的"衣物之上。

因为，我们从小就是父母眼中，那个"不够好""不够完美""不够优秀"的人。

成年后，父母的挑剔停止，但是，我们却在潜意识中接力这种挑剔，继续审判自己、批评自己、指责自己。

无论是性情，还是外表；

无论是成就，还是容颜。

我有一个友人，很漂亮，也很出色，但和你我一样，她从小在父母的批评中长大。

成年后，她对自己总是不够满意。

她一件件地购买衣服。

同一款式的服装——比如白衬衫——她买了20多件，并且，还是忍不住继续购买的冲动。

哪怕款式一模一样,衣领、袖子也雷同,但纽扣稍有不同,她也会入手,并且生出幻觉,觉得这件新衬衫,会带给别人不一样的观感。

但是,有一天,她问我们:"这星期我穿的7件白衬衫,你们觉得哪件最好看?"

啊?7件?我还以为是一件呢!根本没区别好吗?

大家面面相觑,完全搞不懂她前天、昨天与今天的衬衫不同在哪儿。

有一句话是这样说的:"每天发生在自己身上的99%的事情,对于别人而言根本毫无意义。"

对外界而言,自己穿什么上衣,搭什么裙子,都没有太大区别。

但是,自我挑剔的人却需要不断地改头换面。因为——

1.她需要不断地摆脱"旧我";

2.她需要不计代价,成为"完美"的人,所到之处,都有爱慕和掌声相伴。

她需要确认,自己随时都是焦点,随时站在舞台中央,正在被敬仰、崇拜。生活似乎成了表演,每一次的闪亮登场,都需要备好全新的行头。

当然,这里绝不是建议大家以后都不再买衣服,而是,在刷卡之前,先想清楚自己为什么要买,是内心的焦虑,还是真实的需要?如果是后者,只要合适,入手即是;如果是前者,暂时缓一缓。

我从前也是"美衣控",一旦遇见心仪的,也会立马剁手。

今年却有了些变化。

花在衣服上的钱，是以前的1/5。

一是因为，年前看了一篇文章，讲美国有个家庭，一年都没有购买非消耗品，包括衣服、玩具、电器、家装饰品等，却发现活得很好。于是想到，许多东西，并非必须。

二是因为，通过阅读与反省，渐渐明白，我们对服装的饥渴，只是对改变自我的饥渴。

但改变自我却非物质能及，也非服装能及，它必须经由丰富的身心经验——阅读、旅行、交友、恋爱、反省、疗救——才会慢慢发生。

上周整理衣柜，发现许多未曾穿过的衣服，然后翻出来，一件接一件试穿。

穿到后来，忽然发现，其实，旧衣也非常好，和刚刚入手以及尚未入手的新衣相比，它们自有风华，毫不逊色。

在这个意义上，自我，也是一样。

姑娘，
你一定要很有钱

闺密离婚了。

因为一个偶然的机会，她发现了一些事情，而这些事情，都在说明一件事：丈夫不仅外表脏，生活也脏，内心更脏。他所有的创造力，都用在开拓各种性关系：出轨、劈腿、双性恋、群P、和比自己小20岁的女孩交往，床上床下以父女相称。

他当然不承认，说被引诱，说心里烦，说对人性绝望，于是尝试各种刺激。

但证据却说明，他一直主动，从未被动。

也难怪，人渣必匹配一张专业说谎的嘴，败类必搭配一张刀枪不入的脸皮。

闺密崩溃至极，像被抽了骨，直着双眼，蜷在我家的沙发里，喃喃地说："我从前就知道他不是个好东西，但还是没想到他会烂成这样。"

她老公我见过，一个脏而丑的老男人，是一种由内心发散出来的脏，在相貌上就变成了委顿与猥琐。

一次，我们三个人一起吃饭，吃到最后，他要了我的微信，第二天就在微信上跟我大谈性事，我当即就把他拉黑了。

后来我告诉闺密这件事，她说他就是这样的，同学群里的女人，他有一大半勾搭过，QQ上只要对方性别女，爱好男，他就会执着地撩拨，还有林林总总，不想说，说了嘴都脏。

她之所以一忍再忍，只是因为没有钱。房子是他婚前买的，共同存款不过几万元，她多年赋闲在家，做一个专职妈妈，职业技能退化，身边又无存款傍身，而他当然不会体恤，他说过，离婚可以，你净身出户。

她离不起，"我不知道自己还能不能在经济上支撑自己"。

直到如今，局面崩坏，她忍无可忍，终于签了离婚协议，大半生都过完了，而一切又要从头再来。

在婚姻市场上，对女性来说，钱就是个人尊严的起点，也是选择自由的保障。

朋友圈里有一大把大龄剩女，她们工作上很拼，户头上很足，人当然有底气傲娇。

寻常人等，多数入不得法眼，极品败类，连近身的机会都没有。

其中A姑娘，30岁出头，年入百万，有车有房，有颜有品，彻底一尤物。

理所当然,追求者众多,比如一个工程界的土豪,一把一把往她身上撒钱,就跟出殡似的。

想要 LV?好,来全套。

想去欧美旅游?好,马上订票,全程头等舱,住宿全五星级酒店。

喜欢宝马?新车开到家门口,钥匙交到你手上。

寻常女子,在这样的金钱攻势下,早就缴械投降了。但她不是。有钱撑腰,腰板就没那么软,人就没那么容易倒下。她拒绝了所有诱惑,告诉对方:我不喜欢你,你省省吧。

婚姻不是长期卖淫,妻子不是合法妓女。

然而,有底气说这句话的,放眼四周,少之又少。

多数女孩在婚姻选择上,将官二代、富二代,甚至官一代、富一代当作最佳择偶对象,对品行,倒没那么看重了。

然而,将钱当作最重要的因素去选择的婚姻,多数与我闺密的下场相似。

爱是一种奢侈品,并不是所有人都配得上它。

A后来挑选的男人,是她今生至爱。留学生,健康干净,又洋气又儒雅。

我看过他们一起旅行的相片,艳美得不行,当时反复想到的词是:金童玉女、一对璧人。

一个女生有钱,到底有多重要?

你不用再关注降价信息,不用在菜市场讨价还价,不用常年使用最低廉的劣质化妆品，不用一谈起旅行就冒出两个字——费钱，不用多年租住地下室，不用一生挤公交车，不用苦苦暗恋一个高富帅，但一想到穷酸如我，只能望而却步。

你可以爱我所爱，恨我所恨，甩我所甩。

你可以自由地行，尊严地活。

你可以响亮地说"不"，也可以响亮地说"要"。

你可以做爱做的事，交配交的人。

你可以把日子过成一本精装的诗集，时而简单，时而精致，而不是让日子过成 KTV 里的歌，时而不靠谱，时而不着调。

你可以不用为了安逸的生活，委曲求全地接受一个能提供这些保障的人，然后，忍受他的口臭、肥胖、鼾声如雷，忍受他的奇葩论点、荒谬三观。

你可以说，我嫁人从不考虑钱，反正我有钱。

你可以让自己的相貌、品味、气质、眼界，随之节节攀升，成为人群中最闪亮的那一个。

最关键的是，你不用再服从一种规则，一种你内心根本不屑却不得不屈服的规则。

我闺密曾经也狠过，她哭，她闹，她对丈夫说，如果你想过下去，就少做点脏事。

他笑，我就是要这样，不爽你走啊。

他知道，他是家里的经济来源，没了他，她就没法过下去。

因此，他有权设置规矩：我花天酒地可以，你招蜂引蝶不行。

在职场，工作如何运转，如何分工，全由出钱的人说了算。

在家庭，能获取多少，承担多少，底线是什么，多由掌管经济的那方做主。

有钱人制定规则，屌丝遵守规则或死于规则。

财不如人，受制于人。这是自然法则，没什么好抱怨的。

不服，就有点心气，变成规则的制定方，而不是被使唤的人，将自己反复修剪、压制、包装，变成无害的货物，躺在土豪面前，等着对方出价。

A 曾经说，我之所以追求财务独立，就是因为不想变成奴隶。

也因此，她可以无视他人的设定，遵从本心，时有光芒，一切有情，可以都无挂碍。

也因此，她成为我朋友圈里，我唯一愿称为女神的人。

当你说焦虑得想死时，
你在说什么

先讲三种提炼了的生活现象。

这种现象，应该也在你身上发生过，而且，不是过去完成时，而是现在进行时。

当然，你可以叫甲乙丙丁戊己庚辛壬癸，一个代号，不足挂齿。

A向往权力。这种权力欲的表现不是想当省级官员，也不是想成为公司领袖，而是希望身边的人与身边的事都顺从他的意志。

不喜欢他人对他保有秘密，喜欢把控身边人的一切。

不喜欢拖延、失控、迟到，哪怕红灯、堵车、恋人晚归、临时更改约会，也会令他难以忍受。

不喜欢顺从他人意志，喜欢自己发出命令，并要求他人遵守这些命令。

不喜欢他人的反驳和忤逆，希望自己永远正确，哪怕捏造事实篡改说法。

不喜欢软弱，喜欢强大，因此从不让步。

A型人希望身边的一切都符合自己的愿望。因此，他控制他人，也控制自己。

他不允许自己软弱、无能、失败、屈辱……一旦发生，就会引发自身与痛苦成正比的愤怒，产生新的敌意和新的焦虑。

当然，哲学和心理学早已洞悉：人都有权力意识。

但正常的权力意识来源于力量，病态的权力追求则来源于虚弱。

B一直渴望名望。

B型人希望很多人看到他，注意到他，并且尊敬与崇拜他。

为此，B型人会不惜一切地让自己的外貌更出众，更有才华，更博学与有趣，更与众不同，更出类拔萃……以此来召唤仰慕者，聚集粉丝，吸附掌声和鲜花。他们希望一生都活在最耀眼的舞台上，永远成为万人迷，所到之处，皆是浓烈的爱慕，哪怕自己累得不行。

被他人认可，被绝对关注，都是人之本能。

但依然是那句话——正常的被认可欲，是对爱与尊重的需求；病态的被认可欲，则来源于内心深度的匮乏。

在心理学上，病态地追求名望者，都是精神上的"自恋者"。因为，他们追求的自我扩张，不是源于自爱，而是想拯救自己的渺小、无力、屈辱、匮乏。

也就是说，他们是在恢复自己被压碎了的自尊心。

这似乎没什么不好。

只是，一旦匮乏者遇上质疑与挫折，便容易自我攻击，一蹶不振。

由于他们极其敏感，时常会感到敌意，总是感到屈辱，人生对于他们来说，遂成为一场漫长的苦役。

C 渴望财富。

C 型人希望自己有很多钱。有六位数时，希望七位数，有七位数时，希望八位数。

因此，他一直疯狂地工作，像一头永不停蹄的驴子一样，寻找各种机会，来增加自己的银行户头。

有人问 C 型人："为什么这么拼命？"

C 型人说："如果我没有钱，谁会看得起我？"

也就是说，在他对财富的强迫性追求的背后，全是深深的恐惧。他恐惧自己穷困潦倒，恐惧自己被人嘲笑，恐惧他人的偏见、歧视与羞辱，恐惧自己因贫穷而遭到的可能的抛弃。

所以，他无法享用自己的财富。

他的快感，来自赚钱这件事所带来的安全感，而非花钱这件事所带来的满足感。

他成为一个有钱的穷人，一个富足的焦虑者。

对金钱的正当追求，源于我们内心的自由；对金钱的病态追求，源于我们内心的恐惧。

而恐惧，必然引发敌意。

C 会不自觉地，想要少付出一分，多占有一毫。

因为，如果他赚少了，就会感到两种痛苦：一是他没赚得更多，二是他人比他赚得多。因为这种"非此即彼"的敌意存在，赚钱对他的破坏性比建设性更大。

以上三种人，都是以肉身的苦役，对抗心灵的苦役。

不承想，收获的仍然是苦役。

这里有个表格，可以明确表现出这种构成：

目标	为获得安全感以对抗	敌意的方式表现自由
权力	软弱	支配他人的倾向
声望	屈辱	侮辱他人的倾向
财富	恐惧	剥削他人的倾向

也因此，作为 A、B、C 三种人的伴侣或家人，都是一件辛苦的事情，

因为，他们很容易有两种表现：

一是压抑，二是对抗。

你的敌意也许对外有所收敛，但在最亲密的人面前，会不自觉地宣泄出来，他们长期置身其中，要么很痛苦软弱，要么很叛逆挑衅。

因此，A、B、C三种人都很容易失去爱。

而失去爱，又引发恶性后果。

要么他们需要更多的权、名、利来自我满足，要么他们压抑自己，惩罚自己，这样一来，敌意向内，导致更强烈的焦虑，甚至抑郁。

众生皆苦，苍生皆难，人人都置身于自己的苦难中。

到底何为尽头？何为良方？

卡伦·霍妮在《我们时代的神经症人格》中说：

在我们的文化中，对爱的追求是经常被用来对抗焦虑、获得安全感的一种方式。而另一种方式则是对权力、声望和财富的追求。

也就是说，对抗焦虑、获得安全感，不只权名利一条路可走。

它还有另一条康庄大道，名字叫作——爱。

病态的追求，都源于病态的内心。

对他人的控制，源于对自己的控制。对他人的敌意，源于对自己的敌意。对他人的攻击，源于对自己的攻击。

　　倘若我们学着爱自己，像神灵爱众生一样，接纳自己所有的不好，不审判自己的表现，赚多少钱，赢得多少名，获得多少认可，都没有关系，都是自己最爱的自己……那样，我们会不会比现在更幸福?

　　抑郁症早已遍布你我的身边。

　　而乔任梁又以决绝的姿态，离开了这个世界。

　　我想，假如我们只沉浸于舆论的喧嚣，却不思考抑郁的根源，看见自己的焦虑和恐惧，并返回自身，指引自己的路途，那么，我们张大的嘴、惊叫的声音、痛惜的话语……在明天就会如水入沙，雪化无痕，一点改善都不会发生。

缺乏安全感
是最常见的"妇科病"

有一次，和一群朋友去郊游。

半路上，开车的男生手机响了，因为不方便，他简单说了句："我在开车，等下和你聊！"挂了。

有人问："谁呀？"

"还能有谁？女朋友呗！"

话刚说完，电话又来了。他逮了个空，低头看了看，摁掉了。接着，电话又响，一遍遍，一次次，没完没了，无休无止。他终于烦了，骂道："一天到晚吵死个人！"

我理解他，但更心疼电话那端的女孩。

一个人，若不是极其没有安全感，便不会一遇冷落，便慌张失措，六神无主，自制力土崩瓦解，继而丧失理智，执拗地、绝望地向渴望的那方索要一些笃定的音信。

是谁说，男人最想要的三个字是"我懂你"。

女人最想要的三个字是"我爱你"。

但如果一方过于缺乏安全感，很可能，因为过于紧张、焦虑、患得患失、歇斯底里，这两者，都招致破坏。

她得不到爱，他也得不到理解。

两个人，都向对方伸着手，期盼着、索取着、对峙着，求而不得，又累又苦，内心的空洞愈加深大。

其实这不是特例。

几乎所有的女人，在安全感上，都有着程度不一的贫乏症状。

有一个女友，姿容超绝，追求者无数。

她也恋爱，只是不知何故，每一场都极短。兜兜转转，时光蹉跎，韶华渐逝，最终嫁了一个老男人。

有人不解，问她："那么多青年才俊，为什么不选，却偏偏要嫁一个这样的人？"

她说："我父母很早就离异了，整个童年都孤苦伶仃，所以心里太渴望温暖，稍微遇到一丁点冷落就受不了……以前遇到的人，开始时都挺好的，后来都受不了我，只有我现在的老公，能一直包容……"

众人恍然大悟。

只是我仍担心，这种父女型的夫妻关系，照顾与被照顾的婚姻，到底能持续多久。

果不其然，三四年后，丈夫渐渐从羔羊与老牛的结合体，变成色狼与恶犬的杂交物。

他到处勾引女性，微信、陌陌、同学、同事、合作伙伴，都不放过地撩拨。

他说，也不是因为爱，只是她太紧张，生怕失去一丁点爱，于是，全面控制我的一切，什么都要查看，什么都要干涉。婚姻太窒息了，他要寻一个出口，满足自己的心理需求。

所以，他对她的哀愁与哭闹，表面服从，实则置若罔闻，甚至开始逆反，有一次闹得太厉害，居然出手掴她。

她惊在原地，继而大哭："想当初，你对我……可如今，你居然……"

得知这件事以后，我在微信上和她聊：

……其实，只有两个大人，才会彼此相爱。但你把自己当成孩子，总是要要要，而无法给给给，那么，他就会去寻找另一个伴侣，能和他平等地对话，轻松地相处，让他觉得，自己是一个男人，而不是一个父亲。没有男人会与女儿相处一生，只会与妻子执手偕老。

童年的阴影，我们都无法逃避。

但成年后的世界，却可以自我建造。

如果你也是缺乏安全感一族，首先，不用太紧张，因为，这是全世界最普遍的"妇科病"。你有，我有，她也有。

其次，你得问自己一个问题：安全感，到底由谁负责？

由丈夫吗？由男朋友吗？由情人吗？

如果你说是，那么，你这一生，都永难摆脱被抛弃的恐惧。

当一个人的精神世界之本，都系在他人身上，必然会终日动荡，草木皆兵，杯弓蛇影，紧张得自己都厌恶自己。

这种来源的安全感，必然会带来不安全。

你只有自己站起身来，学着自我负责，自我保护，自我完善，这样，你才能最大限度地不再受制于人。

这是一种能力，只有具备自省能力和自我学习能力的人，方有可能获得。

当你能将一场离婚，定义为"和平分手"，而不是"我被抛弃"时；

当你能对着自己的余生，说"我负责"，而不是"你要负责"时；

当你能对着你们的问题，说"我很抱歉"，而不是"你这人渣"时；

当你能在他求婚成功之后，说"我们一起成长"，而不是"从此以后，你要照顾我，养我，让我开心，让我放心"时；

当你能在他爱上别人之后，说"你可以选择"，而不是"你对我不忠"时……

你就摆脱了"物"的属性和婴儿式的匮乏，成为一个独立的人。

只有两个拥有独立人格的人，才会认识到：成年人的关系里，不存在抛弃与被抛弃，从根本上说，也无须存在忠诚和责任。

也只有两个拥有独立人格的人，才能真正恋爱，共同成长。

共同成长，必然带来真正的安全感——它不是来自外部规则，也无关伦理道德，而是两个生命，行至佳境，坐看云起，自然而然地达到的亲密。

这时候，我们就会真正洞悉这句话的奥义：对自己负责，就是对他人负责，也是对爱负责。

我更喜欢
努力的自己

02

无趣的人生

不值得度过

活着有什么意思

我不属于做一个情商高的人

无趣的人生不值得度过

钱怎么花才够爽

永远幸福的人，都有一颗不皱的心

一个人越闲，就越容易堕落

活着
有什么意思
◡

约老友坐。

一见面，居然来了一发哲学式问题："活着有什么意思？"

这叫我特么的怎么回答呢？

寻常人，都不会这么"矫情"。会这么"作"的，往往都是些出了"毛病"的人。

于是问："出事了？"

还真问着了。这哥们儿的感情和生意均出了问题，一个已破裂，另一个已破财。正处于解救而不得的状态。于是惴惴然外加惶惶然，出口便曰："活着真没意思。"

我尊重这种情绪，也尊重类似的思考，毕竟，每一个人，都会或早或晚地，遇见这种困惑。

不过，近些年，我对待这种问题，已经换了态度。

在伊萨克·迪内森的散文长卷《走出非洲》里，有一个非常动人的细节：

在非洲种植咖啡树的时候，一不留神，咖啡树的主根会被折断。

主根一旦被折断，主根的截面上会长出很多须根。

从此，这棵树再不会结咖啡豆，但会比其他的咖啡树多开出几倍的花朵。

作者在后边跟了一句话："这些须根，就是那棵咖啡树的梦。"

如果你是非文艺青年，我想你会更容易接受另外一个譬喻：这些须根，让咖啡树更美丽。

人生有许多事情，也是只开花不结果的。

比如，一些努力会有去无回，一些深情会如竹篮打水，甚至整个人生，都不会有一个确凿而笃定的结局。

有一部小说，讲的是一个作家，一直在写故事。

文笔极佳，洞察力与想象力卓绝，因而红极一时。

著作等身的时候，他觉得，人间浮事，俱已成书，若有疏漏，均属意外。如此自信自满，却无人觉得过分嚣张。

但忽然有一天，他发现，自己也是一个故事。

他成为别人口中的故事，江湖流传的故事，别人笔下的故事，甚至，命运虚构出来的故事。

写到这里，几近神秘主义了。

但有一点，却是确凿的。

所有人，都只是一段时间，从尘世路过。

你遇上不同的爱、流言、破坏、荣光、离散、悲伤……继而，成为一段叫作"我"的情节。

有一年在旅途，遇见一个多年在路上的行者。

那时候，她刚从战火纷飞的中东回来，无意中遇上，聊了许多务虚的话题。

她说：

死盯着生命的虚无，并因此放弃进取，其实是幼稚的。

真正的智者，是明知虚无，却像开荒一样，在生命的荒野上建设意义。

这与苏格拉底不谋而合——在死亡的门前，我们要思量的不是生命的虚空，而是它的重要性。

"那么，爱呢？"

"也是一样的。大多数感情，都注定了挫败、琐碎、庸常、一地鸡毛。但是，坚信并付出，就是爱的证明。"

忽然就谅解了一些往事。

是的，生命一如断了主根的咖啡树，无来无去，无着无落，慌张地向空气里，伸出无数须根，想建设，想联结，想起高楼，想宴宾客……

此举貌似徒然，但是，总有一天，你会发现，即便没有果实，这种欣然与生机，这种希望与相信，已经告慰了全部的虚空。

昨天，和母亲聊天，谈到死亡。

她很豁达："都是要死的，所以更应该珍惜，好好活一天是一天。"

我听了又欣慰又佩服，这么朴素的话语，那么本真的认知，却最接近存在主义的内核。

是的，过程。

只剩了过程。

"对付荒诞与虚无的办法只剩它了。"史铁生说。

当你实现着、欣赏着、饱尝着过程的精彩，你便把虚空送上了虚空。

当梦想使你迷醉，距离就成了欢乐；

当追求使你充实，得与失，成与败，都是伴奏。

生命从不以成功证明它的价值，而以美、以抗争、以骄傲，自证其存在。一如西西弗斯，哪怕置身于荒诞的命运，仍然可以在失败的战役中，向自己的尊严表示敬意。

因此，加缪说他是幸福的。

我不屑于
做一个情商高的人

我一直知道，有许多人不喜欢我。

用一句流行语来讲，鄙人就是自带一副纯天然、无污染的招黑体质，所到之处，白眼横行，非议纷飞。曾经有闺密恨铁不成钢，摇着头，叹着气，对我说："你啊，注定是会被两极化的，喜欢你的人，会很喜欢你，不喜欢你的人，会疯狂黑你……"

我不解啊，心想，姑娘我五讲四美三热爱，正直阳光好少年，自律认真还有钱，怎么会人神共愤呢？应该是人畜无害才对吧。

"为什么啊？"

她罗列了很多理由，当然是她听来的，比如什么性子太烈，不会做人，太较真，不服输，还有呢，就是情商太低。

她没说这些理由时，我还误以为自己大逆不道，惹怒这么多良民，跟 20 世纪 40 年代的小日本一样，那真是大大地坏啊。

她一说理由，我当即就笑了。那时候，天空飘来五个字：那都不是事。

情商低？

Who care？

爱谁谁！

老娘要是沦落到靠情商吃饭，这辈子还有希望离开体制吗？搞笑！荒唐！莫名其妙！

我见过太多情商高的人，也上过太多这种人的当。

在镇中学时，一中年女老师，公认地会做人。

有一天，把我拉住，目光真诚地对我说："我看你最近不开心，是不是出了什么事？"

我当时年幼无知，哪儿见过这种架势，当即迷了魂，又因为信任，因为大家都说她情商高呀，当即，就把隐私全部招了。她握着我的手，说："你真是辛苦了，以后有什么事，姐姐都会帮你的！"

我特么的还无比感动，在心里说，她真是个好人，以后，我要和她做好盆友（好朋友）。

好盆友没做成，因为，没多久，这人就把我"卖"了，我所有不设防的心事，成了她牌桌上、酒席间的公开笑料。

还有一个人，男的，有一段时间，呼应我所有心事，照顾我所有情绪，说话柔风细雨，娓娓动人，当时真想灯一拉，眼一闭，跟了他。

没想到，这家伙同时勾搭着七个女的，我只是其中一个罢了。

而他利用自己的好人缘，到处兜售错误观念，推销潜规则，拉人下水，伤人害人，由于受他教唆甚至从事犯罪者，同样数不胜数。

你看，如果一种恶，明晃晃，赤裸裸，摆在我们眼前，每个人都会有所提防。告诉自己：不行不行，危险危险，过界过界。

但如果，恶包裹了一层高情商的糖衣，你就难以防范了。

当然，你也许要说，如果我就是那个高情商的人，那就无所谓了。

从功利主义角度讲，我可以得到利益。

从伦理主义角度讲，我可以赢得道德。

多好啊！

没错。

短期来看，是可以。

但我想问一句，这些利益与道德，能让你实现自我，在人世立于不败之地吗？

更何况，高情商的代价呢，你计算过没有？你得搭进去多少伪装，多少心思，多少时间？！

这些机会成本，如果用于事情本身，孰多，孰少，孰得，孰失，孰赢，孰输？你是否计算过？

如果说情商高，是流行趋势，和网络爆文的时髦价值观。

那么，对不起啦，我是老古董，不赶那个潮流。

在我们原始人的观念里，智商比情商更重要，好好做事比好好做人有范儿，忠诚于自己比讨好他人更靠谱。

我喜欢安迪，胜过樊胜美；喜欢乔布斯，胜过蔡康永；喜欢《月亮与六便士》里的查尔斯，胜过八面玲珑的查尔斯夫人。

林志玲情商高，但她是因为情商高被认可的吗？摘除她的身份、学历、美貌与收入，林志玲也就成了樊胜美，成了那个镇中学的女老师，你确定，你依然要视她为榜样？

还是那句话，真正能让我们雄起的，不是情商，而是智商、认真和实力。

之所以举国上下都在强调情商，是因为我们太孤独，太焦虑，太没有安全感。

于是，通过对情商的呼吁，希望大家都收敛锋芒，让人与人能温柔相待。

这没错。只是，发展到今天，这种呼吁有些矫枉过正了。因为，情商已经反客为主，成为我们评价他人、自我要求的最最最重要的指标和权重。

这就不太好了。

周星星同学说了，拜托有点专业精神好不好？

也许情商教教徒们要说：你根本不了解情商。

然后大谈彼得·塞拉维和琼·梅耶的情商概念：1.感知、理解自己和他人的心境；2.以自身感受辅助思考与判断；3.管理情绪，以利于个人成长或经营健康的人际关系。

但可惜，情商就是让别人舒服，就是好好说话，就是人情练达，善解人意，对症下药，获得认可。

好，假如我的工作，就是发展高情商。

那么，不相干的甲乙丙丁，一个接一个地跑来，说我情商不高，我半个屁不会放。你要什么漂亮话，我说给你听；你要什么反应，我做给你看。

因为，这就是我的服务。

但是，兄台，你睁大眼睛看清了：

1. 我的工作与情商无关；

2. 你又不是我家人和朋友，他们还没说什么，你的指头就戳天戳地，戳到我的私人生活中，你僭越本分，逾越界限了你知道吗？！

所以呢，你可以挑剔我们砖搬得多不多，码得齐不齐，配不配得上每天 10 块钱的工钱。

但别老是叨叨我们搬砖时是否脚步轻盈，面带微笑，与工友擦肩而过时，有没有像国家领导人一样点头问好，给人以"颜如玉，语如兰，笑如风"的优雅感觉。

连岳说："动辄把教养挂在嘴上，指责别人没教养。在我看来，往往这些指责者比较没有教养。情商亦然。"

因为，大多数情商鼓吹者，都在指责他人，而非反省自身。此等行径，已成"以子之矛，攻子之盾"，自我打脸啪啪啪。

归根结底，情商是一种自我修养，是律己，而非律他。

所以，如果你还在唾沫纷飞地指责他人情商低，不会做人，请收回指责别人的指头，回转目光，审视一下你自己的言行，你，是否做到了你自己定的标准？！

最后放一句狠话吧。

如上文所说，情商也是一种生存技巧。人人都有高情商，但会选择性使用，即，看人下菜碟儿。

他之所以不对你用，是因为，你，不，配。

不信，你看看他在另一个高大上的人面前，是不是从林黛玉模式，立马切换到薛宝钗模式？！知冷知热知轻重，贴心贴肺贴热脸，温柔慈祥得跟观世音似的。

无趣的人生
不值得度过

1

苏格拉底的妻子性情暴烈，一次争吵，妻子气愤难当，从楼上向下倒了一盆水，淋了他满身。

他笑："我就知道，雷声之后，必有暴雨。"

两性关系在充满攻击的时刻，用幽默化解尴尬，包容冲突，为自己与他人赢得更善意的生存空间。

2

英国首相威尔逊，在一次演讲中途，遇有异议分子高声叫嚣："狗屎！垃圾！"

全场沸然，一时骚乱。

虽然受到干扰，但威尔逊急中生智，不慌不忙地说："这位先生，请少安毋躁，我马上就会讲到你所提出的关于环保的问题。"

众人皆鼓掌。

在这样的关键场合，幽默成了化腐朽为神奇、化小冲突为大格局，继而扭转局势，赢得人心的法宝。

3

曾看过一篇报道，"9·11"事件中，一名消防队员在世贸大厦90多层救出一名男子，随后两人一起逃命。

但楼层实在太高，两人跑得筋疲力尽。

大楼正在垮塌，电火流窜，浓烟滚滚，重物不断下坠，两人随时有生命危险。

这时，男子边跑边递给消防队员一张名片："亲爱的，如果我们逃不出去，到了天堂，一定要保持联系。"

在这样的生死边缘，幽默成了笑对危机、淡化恐惧的妙招，而在这种话语之中，一个人的从容、乐观、豁达，跃然而出，浮现在我们眼前。

4

趣味，不仅会化解麻烦，也会增进情感。

前不久，一个单身待嫁的女友说：

"钱,我有;爱,难辨;说到底,只有趣味,还算一个不错的择偶标准。"

她的话在很多人看来,过于务虚。

但是,根据积极心理学来说,这是有科学依据的。

麦凯蒂提到:"女人总是想方设法,寻找一种能证明男人聪明的东西,而我相信,对周围形势反应积极、会开玩笑、把你逗得前仰后合的人,都拥有大智慧。"

人类学家海伦·菲舍尔则说:"有趣的人,能缓解糟糕的形势带来的种种沉重,因而能减轻人们的应激反应,渡过关系中的难关。"

因此,有趣,会带来生存的积极价值,也会让两性关系更加融洽、健康、幸福。

5

一名心理学家面对自己成年的女儿,给她写长信,信上说:如果可以,尽量不要找无趣的人。

因为,无趣,意味着封闭、麻木、贫乏、缺乏生命能量。

流光溢彩不见了,有的只是陈旧苍白、一板一眼。

妙趣横生消失了,有的只是寡淡无味、了无生趣。

没有任何意外;

没有任何惊喜。

生命就像一条一览无余的直线,往后看一眼,都是灰蒙蒙、直愣愣的余生。

往前看一眼，过往就像晒干了水分的方便面蔬菜，各种流动的情节，全都提前夭折。

无趣，心就会封闭，能量流动缓慢。

有趣，心就会敞开，获得更多可能。

6

冯巩的母亲是一个聪慧的大家闺秀，她曾在访谈中说："留给他万贯家财，不如留给他幽默感。"

幽默，才是真正取之不尽，用之不竭的财富。

因为它会真正福及你的一生。

而冯巩，以他的荣光、有趣和高人气，证明了这一点。

我相信，如果有一天，他不再出现在观众面前，幽默依然会赋予他的人生以趣味、美感和丰富性，使之具有意义，依然值得好好地活。

7

幽默当然重要，只是要认清：

幽默不等于滑稽，有趣不等于下作，诙谐不等于没教养，好玩不等于哗众取宠。

真正的有趣，包含了太多东西，诸如智慧、宽容、求知欲。

正如莎士比亚所说："幽默和风趣是智慧的闪现。"

如果一个人，空空如也，枉顾自己的无知、贫乏、麻木，表面化地追求趣味，搬用各种段子，硬套各种模式，就会显得浅薄和油皮。

8

曾经认识一个人，在小圈子里，也被认为有趣。

他在饭局中，与女人喝酒，说："无花不饮酒，无月不登楼。"

吃到尾声，摸着自己圆滚滚的肚皮，又说："有本事的男人，会把别人的肚子搞大；我没本事，只有把自己的肚子搞大。"

众人哄笑。

在场的女性，多会觉得他幽默至极。

但听人说，这两句话，他逢局必讲，一字不差地重复，顿时觉得无趣极了。

趣味，不是段子，不是哄笑，不是套路。

而是生命的灵动，精神的明亮，灵魂的深重。

9

黄永玉先生是我非常喜欢的长者。

命途多舛，成就亦大。

最初知道他，只知道他是一位画家，后来看到他的文章，惊讶于那种智慧与灵气。

当时想：这个人，一定非常有趣。

果然如此。

去年有一个长帖，就是关于他的，说他是 90 岁的段子手，秒杀当下一众网红。其妙语趣言，数不胜数，均令人忍俊不禁。

萧乾这么形容："浮漾在他粗犷的线条间的，正是童稚、喜悦和奔放。"

他永远就像一个顽童，始终保持着旺盛的求知欲，面对庸常的生活，总要凑上前去，大喊一声："喂——"

而在曲径通幽处的趣味，就会施施然出现，与他心照不宣、心有灵犀地对着傻乐。

嘻嘻嘻……

哈哈哈……

10

黄永玉说："人生有很多好玩的瞬间，不是吗？"

只是，生活的"好玩"，只有"好玩"的人，才会发现。

你若灵魂贫乏，那么，无论置身于何处，也会觉得无聊透顶。

而如果，你是一个对生命有热忱的人，那么，世间万事万物，在你看来，都会柳暗花明，别有洞天。

就像黄永玉，虽年近九十，亦活得欢天喜地。

就像王小波，虽历经种种荒诞与苍白，仍兴趣盎然。

就像你，以及那些真正的年轻人，虽活在 × 蛋的今天，还是努力地，通过好奇心与求知欲，让生命更丰富，让此生更无悔。

钱怎么花
才够爽

花钱买东西？

那是低级消费观了。

无论你买国际品牌，还是日常杂物，在我看来，都是生存，不是生活。
物欲的满足，是马斯洛需求中，最低等的一类。

买很多奢侈品，那是暴发户。

买很多低劣品，那是大妈。

20世纪90年代以前，物资极度匮乏，"好生活"的含义只有一条：
物质的富足。吃不完的食物，穿不完的衣服，总而言之，要最大限度地
满足生理欲望，最大限度地讨好动物性的一面。

这当然无可厚非。

只是，当文明发展到今天，物资也逐渐富足，如果还停留在这种贫

穷思维里，就有些跟不上时代了。

我也是穷人的女儿。所以，稍微有些积累，也是买买买。曾经一年花了几十万元，买了七八个包包，如今，看着满柜的奢侈品，没半点快感。

仔细想来，购买奢侈品最快乐的时候，就是付完款，拎着新品出门，觉得购买力得到证明，有些许快感。但这种快感，随着买得越来越多，变得越来越弱。

甚至有一次，买完LV，第一反应就是，和吃一顿美味的串串，爽感差不多。

我一女神朋友骂我：搞得跟一暴发户一样。我气得瞠目结舌，但还是无言以对。

而购买寻常用品，因为价廉、物多，一买一堆，看着喜人，又在消费能力之内，所以，消费起来，更是非理性。

几十上百块的衣服，逛街一买就是几件，刷网店时一下就是几十个订单，拿回家，放在柜里，穿的次数一年不到一次，甚至大部分的衣服，永生都无露面的机会。衣柜越来越拥挤，直到哪天，你忍无可忍，一怒之下，将这些崭新的衣服，全部当垃圾扔掉，或投入小区的捐赠箱，让它们滚得越远越好。

其他小玩意，更是如此。

珠珠串串，花花朵朵，霜霜膏膏，堆得到处都是，但没多少东西有用，放在那里，看着嫌恶，扔之可惜，成了一种磨人的鸡肋。

按理说，中国人最希望会"过日子"，精打细算，锱铢必较。但真相是，我们买了一堆无用的物品，浪费了更多的钱。

因此，在花钱购物这种事上，一定要精而少。

毕竟，1. 你不需要那么多的物质；2. 买买买只能带来瞬间的、微弱的快感，并不能带来源远流长的幸福。

真正能让钱服务于生命，和购物没太大关系。

前些天，有人问我："如果《土拨鼠之日》的故事发生在你生命中，你希望是哪天？"

无限重复的话，那必须得是一生中最美好的日子。

是哪天呢？

我于是使劲地回忆，不承想，一回望，发现一路上，都是闪闪发亮的时光。

比如，2011 年在国家大剧院看芭蕾舞剧；

2012 年在东海的小岛上放烟火；

2013 年一个人独行新疆，背着包，骑着马，在满目浓绿的那拉提草原上奔走，一边看雪山皑皑，一边和哈萨克男孩大声唱歌；

2014 年赶很远的路，去参加一个感动过我无数次的作家的见面会，然后在签名时，对他说："我可以拥抱你一下吗？"

所有这些，一想起，就觉得此生不曾虚度，就想原谅生命所有的不公，就想告诉世界：要不，我们和好吧！

　　这些让我生命发光的情节，都得用钱来购买，并且价格不菲。但是，虽然昂贵，却是性价比最高的消费。

　　我们并不缺少花钱细节上的智慧，缺少的是在花钱方向上的合理安排。

　　怎么才算合理？

　　要买动态的体验，不要买静态的物品。

　　即，不是买买买，而是玩玩玩。

　　坐拥一座废弃商场，与足遍五川、阅人无数，哪一个带来的生命体验更饱满？当然是后者。

　　中国有很多的富人，但中国只有很少的贵族。因为，有钱不代表有品位，富有不代表高贵。唯有会花钱，一个人才会自由，才会无限拓展生命的深度、广度与宽度，才会让钱成为你的奴仆，而非你的主人。

　　也许有人说，你说的这些，都是有钱人的事，我们这些穷鬼，就算了吧。

　　非也非也。

　　月入 3000+ 与月入 10 万 +，虽然财富数额不一，但在花钱的态度上，没有这种硬性区别。关键在于，你的灵魂里，一直向往什么，就会投资什么。

　　如果向往物，你会用 1/3 的钱疯狂购物；

　　如果向往美、爱、智慧与自由，你会用 1/3 的钱，去为自己打破窠臼，增长见识，投资人生经历，获得更无悔的生命历程。

　　赚钱能看出一个人的本事，花钱才能看出一个人的品位。而我希望，我们都慢慢地，摆脱小农意识，学会投资与花费，修炼成有品位的后者。

永远幸福的人，
都有一颗不皱的心

在高考录取的关键时刻，许多家长和学生应该都等在家里，期待某所名校伸来的橄榄枝。录取的关键，无他，唯分高尔。如果是状元，则成香饽饽，被各大名校争来抢去。但奇怪的是，国外的许多名校，对高分者，似乎不太感冒。

2004年，哈佛大学拒绝了164个SAT考满分（满分2400分）的中国学生，其中有家长质问学校："为什么不录取我女儿？"哈佛解释："您女的儿除了满分，什么都没有。"

言下之意，SAT不是进入哈佛的万能钥匙，哈佛用以丈量学生的，是另一把更灵活的尺子。

是什么尺子呢？

2010年的中外校长论坛上，有人问哈佛校长陆登庭：哈佛青睐什么样的学生?

答曰:哈佛需要知道,一个学到了很多知识的学生,是否也具有创造性;他们是否有旺盛的好奇心和动力,去探求新的领域;除了本专业的领域,学生是否关心其他领域的东西,是否有广泛的兴趣……

看到这段话,忽有强光掠过,让我瞬间明白:哈佛之所以为哈佛,与这种理念是不无关系的。

是的,就是好奇。

站在分数与排名上,还对头顶的星空、脚下的尘土抱有兴趣的好奇。

站在朝九晚五的生活模式中,依然会停在某个十字路口,疑惑风从哪里来、雨要到哪里去的好奇。

站在熟稔的、平淡无奇的、理所当然的世界上,发现一个个疑点,并执拗地、有序地、科学地追问"为什么"的好奇。

站在认知的黑洞面前,不是漠然地走过,或者给一个"我以为""应该是"的神秘主义答案,而是对着洞口伸出双手,朝里面大声喊"喂,你是谁呀"的好奇。

站在苹果树下,站在水壶的白雾前,站在确定的现象和不确定的答案中,往脑子里掘地三尺,寻找一串清晰的"因为,所以"的好奇。

站在一日三餐、流年似水前,依然像杨戬一样,睁开第三只眼,永不疲倦地、兴致盎然地、像个孩子一样地打量着这个世界的好奇。

正是这种好奇,人类文明才像蜗牛一样,缓慢但笃定地一点点朝前挪动，直至繁荣。

也正是这种好奇，每一个个体，如你，如我，如他她它，才会在蒙昧中摸到这把无锋之斧，开天辟地，看见一个明亮的新世界。

我曾读过刘瑜的《哈佛大学的课程清单》，在那串书单里，学科分类的精、细、密，令每一个中国人都叹为观止。

就好比，你对哈佛说，我要研究生物。结果，学校把《蜘蛛的交配过程》都给你列了进去。这种浩瀚与缜密，对于一个不再惊奇的人而言，就是一个庞大的、可笑的、婆婆妈妈的无用之物。

但如果你依然天真，拥有浩瀚的好奇心，就会如同蛟龙得水、飞鸟出笼，酣畅淋漓，兴奋满足得不像话。

天真的人，才会无穷无尽地追问关于这个世界、关于自然、关于社会的道理。

大学要造就的，正是达尔文的天真、爱因斯坦的天真、黑格尔的天真、顾准的天真，也就是那些"成熟的人"不屑一顾的"呆子气"。

2004 年，哈佛以全奖录取了一名中国学生。这名学生来自甘肃，SAT 只考了 1560 分，但是，他在高一时发明了一种过滤水装置，免费提供给附近村庄的农民。

看到新闻时，有人说，这种孩子不正是有对问题死磕的好奇心，有创造力，有执行力，还有服务于他人的热心吗？

有一回和朋友聊天，聊到当今"什么人都不想见""玩也没什么好玩的""什么都没意思"的百无聊赖之风。我说:"好像大家都提不起对生活的兴趣了。"他答:"因为大家都老了。"

苍老的标志,不是鱼尾纹的增加,也不是身体开始僵硬,而是你对世界不再感到惊奇。

你走在灰蒙蒙的大街上,拖着臃肿的双腿,板着死气沉沉的脸,每天按照同一条路,回到自己的家。

你开始不理解孩子为什么喜欢玩游戏,因为你只想躺着;你开始不理解为什么要歌唱、要吟诗、要跳舞、要读书,你觉得有什么意思呢?矫情兮兮,一点用都没有;你开始不理解有人为什么要远行,因为你觉得"旅行就是从自己活腻的地方,跑到别人活腻的地方",一点意思都没有;你开始不理解有人为什么爱得山崩地裂,因为你已经对别人不再好奇……

但其实,别人有问题吗?没有,是你自己出了问题。你成为一具空荡荡的皮囊。你丢失了自己的初心——那颗在年少时,也曾跃动的心——它大叫着:"天上的星星好多啊,上面有人吗?它离我们有多远?奶奶,我们死了之后,也会变成星星吗?"现在,那些星星被你以成人的偏见,打入死牢。

你以为,你长大了,成熟了,一切都看开了。但,这不是成熟,这是苍老。

如果你想要青春不老,请捡起被你遗弃的法宝——澎湃的好奇心。

当你手持这件宝贝，在探索之路上前行，许多奥秘会变成小惊喜，在你靠近时，忽然跳出来，像个孩子一样。然后，沿着这有趣的路途，你会发现一处处妙境，沉浸其中，你会觉得幸福。

即便你不想成为留名青史者，之于一个普通人，好奇心也会摇身一变，让你成为磁铁，吸引身边的人靠近。

最富好奇心者，就是最受欢迎的一群。他们有意思，充满激情，充满意想不到的妙趣，总有一种神奇的办法在平淡无奇的生活里刷新你对世界的认知。

你会不由自主地跟着他，去探究充满诗意的他事他物。而生命，就成了一座秘密花园，每行一步，都有层出不穷的惊喜。

永远幸福的人，都有一颗不皲的心。

一个人越闲，
就越容易堕落

○

一个人很闲，貌似是一件非常令人羡慕的事。

但其实也不尽然。

太闲必然会带来另一种恐惧：存在的虚无，平庸的空洞。

为了忘却这种恐惧，遮蔽这个虚空，人就会开始创造。

人都想证明自我，向世界抛媚眼 Say Hello：嗨，我在这儿。

说的力量太小，那就做，通过事件燃火为号，更热烈地勾搭：女士们 and 先生们，我叫 ×××，很高兴认识大家。

为了证明自我，而去创造一些事情，这是人之本能。

而创造欲，也是人在食欲、性欲、求生欲三大本能欲望之外的第四种欲望。

童年时做手工，玩橡皮泥，画画，写故事，去山上捡树枝搭建小木屋，做自己的房子……都是创造的端倪。

等到长大，创造更加无所不有——音乐、美术、建筑、小说、科技、经济、政治……

但创造欲和所有欲望一样，它会盛产文明，也盛产败坏；盛产伟人，也盛产浑蛋。

得看你怎么利用它。

你把它当方程式，它就会为你带来哥德巴赫猜想；

你把它当笔，它就会为你带来《百年孤独》；

你把它当纵欲方式，它就会为你带来繁复、肮脏、没有下限的性关系。

一个人很闲时，就有了自由。

自由必然会催使你听从内心，去创造自己一直渴望的东西。

但建　栋高楼、创造一项学术、发明一种科技、输出一种价值观、去福利院做义工、到全世界各地去旅行……都需要专业技能、才华、心智、良知、金钱的支撑。

人群中的大多数，都没有这样的可能。

大家退而取其次，去创造爱情。

爱情，多诱人的魔法。一旦拥有，生活这棵被滤干了水的蔬菜，仿佛又有了生机；未来这种像北京雾霾一样的存在，仿佛风过天清，一下子变得清晰。

多好啊，简直应该人手几份，简直应该批量生产，简直应该弄个爱情生产基地，专业造福人间。

但爱情也低廉，在所有的创造中，它门槛最低、成本最小，无须任何投入，只要两具蠢蠢欲动的肉体、一点下半身的冲动，就可以山崩地裂、死去活来、柳暗花明又一村。

尤其是那种不甘寂寞而制造的爱情。

比如我听说过的瑜伽老师 W，就是个中高手。她说，我要追求"一世不厌倦的情感"，于是，在 N 位情人间腾挪辗转，创造多种匪夷所思的性关系，忙忙碌碌，难以消停。

今天和王二久别重逢，明天和张三分手又和好，后天和李四赵五共同创造爱情故事，大后天和钱六的老婆见面谈判，还有各种礼物等着签收……太丰盛了，太复杂了，闹闹哄哄，连掉个眼泪都像狂欢，无数男人来安慰，无数女人去妒忌。

是啊，参与了这么多人的生活，自己也像个活人了。

但她是因为爱吗？不，她谁都不爱。她不过是想借助这些方式，来逃避对自我的审视。

相比"我怎么又懒又蠢，什么事都做不好"，"他们又坏又贱，说过的话都不算数"的念头，当然更容易被接受。

因为，后者会让你免于自我苛责，陷入忧伤但舒服的想象：他们脏贱坏，我"傻白甜"。

我一朋友，曾经也是她的床上客。

多年以后，尘埃落定，他回想当年，说，都是因为太闲了，人一闲，就容易堕落。

"为什么人闲就容易堕落？"

"这就跟动物一样，没有工作，也没有追求，理智就会退化，动物本能就会支配行为，一天到晚除了吃，就是交配。人也是这样——没有为人的动力，人就会像动物一样去度日。"

竟然无言以对。当即只觉得，万不可因懒惰而劝慰自己放弃努力，因为这很可能就是堕落的开始。

最无所事事的人，是最能来事的人。

最闲的人，是最累的人。

最迷失的人，是最容易堕落的人。

一个人心智不独立，没有自我时，时间的充裕并不是福荫。相反，他会感到恐慌，焦急于建造一种关系，将自己投入其中，做一个新的奴隶。比如纵欲，比如吸毒，比如犯罪。自毁毁人，伊于胡底。

因此，说到底，人还是需要找到一种东西，能让自己骄傲地站在大地上。不必为生而为人感到抱歉，不必自我逃避，不必在茫茫时间中，重新退化成四足着地的生灵。

我更喜欢
努力的自己

我更喜欢

努力的自己

03

最怕你一生碌碌无为，

还安慰自己平凡可贵

成长就是不断地自杀

最怕你一生碌碌无为，还安慰自己平凡可贵

除了努力，我们别无选择

你要接纳你所有的耻辱

聪明人都喜欢干掉自己

别扯了，这世上根本没有怀才不遇

你的失败，原生家庭不背这个锅

真正的铁饭碗不是体制，而是你的本事

当你发现自己站在了大多数人一边，也许你就该停下来反思了

成长就是
不断地自杀

⌣

时常看到有人说，周冲，你变了。

哪儿变了呢？

不同的人有不同的答案。有些人说，以前你萌软傻白甜，现在尖酸恶毒狠，我取关了，再见。有些人则说，以前你犀利幽默逗，现在学究无趣烦，没劲，走了。

每当此时，我总是默不作声，一脚踏方凳，一手捋衫袖，干倒一坛二锅头，然后对酒当歌：你就像一个刽子手把我出卖，我的心仿佛被刺刀狠狠地宰……

少年，你忘了吗？想当年，我们还一起数小星星呢，如今时过境迁，就说我变了。往者不可追，追也追不上，徒有说再见：沙杨娜拉（再见），记得我们爱过。

系统提示：对方已取消关注。

情何以堪啊情何以堪，十万个囧字都难以描述我的尴尬灰心冷。想本姑娘，一腔柔情，母乳天下……还没喂完呢，你怎么就走了？

当即如立荒野，身边羊驼涌动，嗒嗒奔腾。

我真的变了吗？伸手一摸，鼓鼓的，还在。

没变啊。

少年，你这样子，很伤人啊，我有心脏病啊，你这样会弄出人命的知道不知道啊。

但我也确实变了。

想当年，我还爱过人渣呢，人生梦想就是去拉萨呢，还相信有些人万岁万万岁呢。

谁不会变呢？

变化是绝对的，不变是相对的。这是初中物理书上说的。

只有傻瓜和精神病才不变。这是我说的。

成长必然伴随着变化，没有变化就谈不上成长。

肉身的成长以细胞分裂为前提，以身体发育为实质，以性欲勃发为表征，以生命繁衍、儿女绕膝为结局。

假设一个人，5岁、15岁、50岁，仍是一个样，那他一定是侏儒，要么是太监。

精神的成长以思想碰撞为前提，以思想鏖战为实质，以内心疼痛为表征，以自我退却、他者融于自身成就新我为结局。

假设一个人，5岁、15岁、50岁，三观仍是一个样，刻薄点，我会说："你是活化石吗？"委婉点："呵呵，兄台，时光把你脑袋保鲜得挺好的。"

前不久，遇到一个人，说，不对呀，阿甘就一直都没变啊？他不是成长吗？

是这样啊，小同学，一般来说，成长在其精神意义上，多指向智。而《阿甘正传》里的阿甘，《士兵突击》里的许三多，《愚公移山》里的愚公，他们一以贯之的都在于德，即宣扬精神力量或主观能动性的伟大。

一个好玩的差异在于，《阿甘正传》里没有反派，而《士兵突击》里有反派成才，《愚公移山》里有反派智叟。折射出中外主流思想的差异：中国哲学一提道德便不免要反智；西方哲学即便提倡德，也不会把智作为批判的靶子。

让德行一如既往，是中国道德家最热爱的把戏。尚一，贵恒，重恒心毅力。如孔子就曾说过，吾道一以贯之。

然而，革新家却不吃这套，他们尚变，贵奇，重维新创造，认为不变即衰朽，静止即死亡。

中国古代以前者为主流思想，近现代以后者为主流观念。

作为时尚时尚最时尚的现代妞，我当然信奉"变才是不变"这套真理。

人家罗素大师还说了呢，参差多变才是幸福的本源。

人家赫拉克利特也说了呢，人不能两次踏入同一条河流。

人家培根也说了呢，变更乃时间之幼儿。

…………

不举例了，再举下去，显得我太渊博，极不好意思。

前些天，国内某畅销书男作家，说，现在看自己从前的书，冷汗直流，真是太幼稚、太矫情了，把自己都吓了个半死。

这句话说明了什么呢？有两种可能：

1. 他长大了；

2. 他写得太差了。

但作为一个好孩子，我一直谨记妈妈的话：要爱，不要毒舌。所以，我们还是相信前一条吧——他长大了。

那么，一个道理在这时候轰隆隆横空出世：长大的过程，就是一个不断自杀的过程。

今天的我，看昨天的我，一定是不顺眼的，咔嚓一声，KO，尸首推入记忆区。

明天的我，看今天的我，也一定不入流，大手欻欻一划，把旧我打入冷宫。

这样说起来，好像有点残暴。那换套温柔点的说辞：成长就是对旧我的不断否定、超越、接纳，对新我的不断催生、完善、丰满。然后，再来一轮。周而复始，生生不息。

在这些过程中，最核心的记忆保留下来，改变我们的认知，定型成我们的人格。让恺撒的归恺撒，让上帝的归上帝，让逗比的归逗比，让二货的归二货，让学究的归学究，让傻缺的归傻缺，让神经病的归神经病。

万物都是变化的，不变的只有变化。就像动与静，前者是绝对的，后者是相对的。

这世界永恒运转，瞬息万变，如同奔腾不息的河流。身处其中的生命，因为自身的秩序，也因为外界的力量，会不断裂变、分娩、新生。今日之我非往昔之我，他时之我亦非今日之我。每一天都是新的。

如果说，循环是宇宙的法则，那么，变化是生命的王道。变化 ing（进行时），成长 ing。变化 end（结束），成长 end。谁要是说，我从来没变过，身上的 600 万亿个细胞可不答应呢。

因此，下一次再有人跑来说，周冲，你变了。

我要对他说，是啊，因为我还活着嘛。

最怕你一生碌碌无为，
还安慰自己平凡可贵

我曾经问过一个执教 20 多年的老教师："教了这么多年书，有哪些学生是你一提起，就觉得非常骄傲的？"

他认真地想了好半天，最终回答："没有。"

"一个都没有？"

"混得比较好的肯定有，但好像没有谁的成就啊，为人啊，是卓越到让你真正敬佩的……"

这个问题我也问过其他老师，答案很抱歉，寥寥无几。是的，如其中一人所言："当年天赋异禀的孩子，终于一个接一个地成了庸人。"

这里要说明一下，我当年所在的地方，是中国众多个县城中，最普通的一个，其他小县城的破毛病，在那里，硬硬的都在。资源有限，观念落后，对人际关系的重视远甚于能力，因此，孩子们的泯然众人矣，跟环境也脱不了干系。

但撇开这个，自己就能脱责吗？当然不能。因为正是我们自己，在默许平庸的发生。

接受平庸比追求卓越要轻松多了。付少量劳力，担微量责任，过定量生活，听着就爽呆了，自然让懒惰者求之不得。

你愿意吗？是的，你也愿意。那么，平庸闻着气味，就赶过来了。

后来，你走入体制，或成为全职太太，开始被圈养，过着被设定的单调生活，看似山温水软，无风无雨，但渐渐地，你斗志全无，再也无力、无心去改变。有些时候，面对自己几十年如一日的生活，你心生不安，那么，该怎么自我安慰呢？

猪猡哲学应运而生。

如"理想能当饭吃吗""平淡才是真""成功不成功，得看你怎么定义""做人嘛，就是要开心""过日子 ＝ 琐碎 ＋ 重复 ＋ 无意义"……舒舒服服地按摩你的心灵，如是几个回合，你就顺利缓解了。自此，平庸就在你身上播了种，生了根，发了芽。

有时看着当年同一群体的人，通过努力，正活在自己的理想中央，心有不甘怎么办？也简单。扯过孩子，说教一顿。望子成龙，望女成凤，让他们替你实现未竟的梦想。

而至于自己，放心，总有无数乐子，等着你自我麻醉和消磨时间。比如饭局，比如麻将，比如网购、韩剧、真人秀。

至此，你就是一枚行走的平庸之物。

这就是我不喜欢庸人的原因（所以我一直讨厌我自己）：过早地认输，走到卓越的反面，举起白旗，敲起退堂鼓，拆寨，撤军，回到自己的贫乏与琐碎，闭目塞听，自欺欺人，对成功者刻意忽略，甚至敌视与下黑手。

因此，在越不自由的地方，越懒惰的人群中，鼓吹平庸的风气越盛。

相反，一个地方越自由，人越独立勤奋，追求梦想就成了无须质疑的自然法。

也许有人要说，平庸怎么就不好了？怎样生活都是我的自由。

当然是你的自由。但我想说的是，平庸并不是困苦的免死金牌，唯有专注于深爱之事，才能得到真正的归宿。

林嘉文在他的遗书里，告诫自己平凡但痛苦的母亲："一个志在过小日子的人，精神也会很脆弱，要学会找些东西依靠。"是什么东西呢？他说，可供支撑生命的东西有两种：1.金钱；2.志业。

（说爱的傻×们请STOP好吗？看看安娜·卡列尼娜，看看《泰坦尼克号》里的Rose，看看包法利夫人。）

金钱 = 不甘平庸的心 + 资本 + 头脑 + 机遇

志业 = 不甘平庸的心 + 才能 + 时间 + 机遇

你看，哪一种维持生命的东西，都少不了一个因素——不甘平庸。

没有这一点，就没有向上的动力和执行力，生命就会失去骨骼，如一堆肉泥，垮下来，瘫下来，一点点颓下来，变得佝偻、委顿、虚弱……继而营营于蝇头小利，戚戚于鸡毛蒜皮，汲汲于男欢女爱。

你本以为平凡是你免于奋斗的借口，没想到，它是困住你的无形牢笼。

比如《夏洛特烦恼》里的夏洛，比如《一只特立独行的猪》里的那些猪。

甘于平凡的前提是，你已经做到了不平凡。

追求平淡的前提是，你已经历尽天地沧桑、阅尽人间繁华。

回到低处的前提是，你已经一览众山小。

一只井底蛙说平凡可贵，是可笑的，只有等它走遍万水千山，在五湖四海间，最终，挑选了一个井底，打滚觅食繁殖度过余生，才算得上是对烂泥潭情有独钟。

美化没有选择自由的选择，都是自欺，而非真爱。

我很喜欢《等风来》里的一段话：还没高调的资格呢，就嚷嚷着低调，还没活明白呢，就开始要去伪存真，这是一种最损己不利人的行为，自己活得假，别人也看着特别累。

所以，宝贝，等到你可以打马御阶，可以归园田居，可以落叶归根，可以醉打金枝，可以衣锦还乡……时，咱再来感叹说：平凡才是唯一的答案，好吗？！否则你就是被鸡汤灌傻了。

不过我得告诉你一真相，在我见过的有能力实现这些的人中，没有一个会这么酸不拉几地说这句话的。只有平凡者,才天天叨叨"平凡可贵"。不平凡者,都在追求更不平凡的人生。

正应了北岛老师那句诗:平凡是平凡者的墓志铭,卓越是卓越者的通行证。

除了努力，
我们别无选择

略哥哥死的那年，我 12 岁，他 14 岁。

他骑着单车，经过一个漫着大水的堤坝，被卷入洪流。那天端午刚过，暑热乍起。几个在下流洗衣的妇人，听见扑腾的声音，以为是一条白色的大鱼。

第二天午后，父亲和叔伯在很远的水流里，找到衣衫褴褛污渍满身，已经不会再睁开眼睛的他。

我聪慧得无以复加的略哥哥，象棋下得无人能及的略哥哥，那个站在黄昏的篱笆前，食指一屈一张，将扑克牌弹得满天飞的略哥哥，就这样走了。

我从学校赶到他家时，他正躺在一口小小的棺椁里，就像和我捉迷藏，而他永远地赢了。

伯父和伯母像被抽空了骨头，他们被人围着，一开口，眼泪就滚滚而流。

但终于到了最后的送别。

第三天午后，那支白色的队伍，停在一块向南的山坡，将略哥哥放了下来。

那里开阔明净，草浅风轻，对面还有一个日夜通明的加油站。看风水的先生说："坟头对着光，他就能看清方向，找到路再回来。"

伯母几次崩溃。

鸿哥哥扶着她，一遍遍地说，妈，你还有我，你还有我。

1

我不知道这件事是不是最大的动因。

总而言之，后来，鸿哥哥就像个疯子一样努力。

有一年，家里穷得没有了办法，父亲邀了两个人，去南昌贩猪肉。肉卖完后，去医学院看鸿哥哥。他那时正在考研究生，努力得叫人害怕。

我父亲回来后，感叹说，我看他的同学，都是戏戏浪浪的，只有鸿哥哥，一刻不停地在看书……根本没有时间玩，一个多月没洗澡。你好好学着点啊……

一个真正竭尽全力的人，运气都不会差。

他果然顺利考上研究生。

再以后，顺利考博，出国。28岁，他带着嫂子一起留美，36岁拿到美国绿卡，从此定居 USA。在美国时，他成为一家上市公司的技术总监，早早就实现了财务自由，而在生物医学领域，又研发了分子检测的专利，近些年被中山大学聘为客座教授，带了一批博士生，还成立了自己的公司，牛得一塌糊涂。

前些天，他回国，我们一起吃饭。

我问他："为什么这么努力呢？"

"除了努力，我别无选择。"

又说到他当年的同学，大多安稳地待在小地方，朝九晚五，早早就进入了一种僵局。

"这不是生活简单，而是一种委顿和懒惰。我们一定要警惕。当一个人失去追求卓越的信念，平庸就开始了。"

2

蛇蜕皮，蝉脱壳，毛毛虫破茧。

每一个从底层逆袭的人，没有一个不是脱层皮，或者掉身肉的。

这世上没有毫无道理的横空出世，所有的闪亮登场背后，都是多年苦心孤诣、沉默不语的自我挑战，对极限的不断突破。

弱者相信运气，强者只信因果。

我刚刚练习写作的时候，有一个前辈，曾给了我一个浅白但又至关重要的建议：

别想那么多，你只要记得，任何人用十年时间，全神贯注、心无旁骛地做一件事，都会成为顶极人才。

后来，我觉得他说得太保险了。

只要用两年专注于一件事，就可以在业内"小荷才露尖尖角"。

用五年时间，就能成为佼佼者。

而十年时间，足够让你出类拔萃，成为明星。

丹尼尔·科伊尔的《一万小时天才理论》和马尔科姆·格拉德威尔的《异类》，也是同样的观念：人们眼中的天才，之所以卓越非凡，并非天资超人一等，而是付出了持续不断的努力。

1万个小时的锤炼，是任何人从平凡变成超凡的必要条件。

达·芬奇至少画了 10 000 个小时，才有了《蒙娜丽莎》；莫扎特至少练习了 10 000 个小时，才写出了《第九号协奏曲》；比尔·盖茨设计了七年的程序，才有了微软。

达尔文说："我一直认为除了傻子，人在智力上差别不大，不同的只是热情和努力。"

真正决定一个人成就的，从来就不是天分，也不是运气，而是严格的自律和高强度的付出。

3

我们都是滚滚红尘里，最平凡的一些人。但是，我们都有着隐秘的愿望：有更多的自由，有更多的选择，在更好的世界里生活。

为了实现这一点，你要做的只有两条：

1.找准自己最擅长的，你最有可能倾注全部热情的，然后，紧紧抱着它，一头扎进去。

但努力，不是指在你缺乏兴趣的工作上使劲，而是在你觉得最不辜负此生的事上投入。

村上春树在《挪威的森林》里，借永泽的嘴，说过一句话：

那不是努力，只是劳动……我所说的努力与这截然不同。所谓努力，指的是主动而有目的的活动。

找准之后，让它成为你锋利的刀斧，你精准的指南针，你稳固的梯子，你撬起梦想之国的杠杆。

2.投入所有的精力，不要管结果，不要听别人瞎叨叨。

就像费曼说的："如果你喜欢一件事，又有这样的才干，那就把整个人都投入进去，就要像一把刀直扎下去直到刀柄一样，不要问为什么，也不要管会碰到什么。"

4

最累的人，是最闲的人。

不努力很容易让我们陷入焦虑。

因为，我们会开始和自己交战。

一个自我想在庸常的生活里，像掉落沼泽的人一样陷下去；一个自我却不甘心，挣扎着要爬上来。

这种对抗与较劲，就会让我们痛苦，不仅不能让我们休息，反而会让我们无法宽恕自己，陷入焦虑，甚至抑郁。

然后，为了获得平衡，我们不再横向比较，减少与小伙伴们的联络，变得自闭，眼光一直向下，向下。

但这种自我封闭，从来不是一件舒服的事，它伴随激烈的否定、绝望的挣扎，把自己往抑郁的深渊里越推越深。

在钟爱的事情上投入时间，开始创造，获得自我价值，对于我们，都是一种有益的疗救，而非消极的消耗。

维克多·弗兰克说："当一个人努力做一件事，或真心关爱一个人时，幸福便悄悄来临了。"

而努力本身，也会给我们带来巨大的回报。

当我们沉潜于某一事物，完全忘我，完全融入，沉入一种超然的平静中时，生命中真正的幸福便会来临。比物质的享受更甚，比他人的赞许更妙不可言。

当我懒惰的时候，是我病最重的时候。

当我努力的时候，是我最健康的时候。

就像那天席间，我还问了鸿哥哥一句话："那么拼，是不是和略哥哥的事情有关？"

他说，有，但不全是。更多的，这是一种本能，如果不努力，会感觉不舒服。

5

为什么我们要努力？

1. 因为我们是不甘于平庸的年轻人。

因为我们想有更多的自由与选择；

我们想生命更丰富；

我们想有更多的尊重与爱；

我们想有一天，能坐在偶像的对面，和他称兄道弟，而不是一直跪舔；

我们想有一天，能踏上那些喜欢的异国，坐在当地最负盛名的酒吧，用流利的英文，和一个青年说，我们那个国家，也有很多有趣的事情呢……而不是一直在这儿做白日梦。

2. 因为不努力，我们会焦虑。

这世界高速运转，从来不会因为你的自动退伍，而停歇片刻。

而当你一停下，你就会发现，朋友们都在竭尽全力地向前奔跑，他们朝气蓬勃，他们熠熠生辉，他们就在你梦想的路上，开始闪闪发亮。

这种社会比较一定会带给你巨大的痛苦、深度的自卑。

你会惧怕他们的消息，抗拒他们的接近，关紧心门，自毁双目，以纵容自己的失败。

简而言之，我们之所以要努力，无非要获得外界的肯定、内心的幸福。

如果你还有骨气，如果你还有血气，如果你也不服输，那么，别刷手机了，立刻，马上，把手头的工作做完。

不要找借口，不要拖延，不要沉溺于网购、微信、真人秀，不要参加无意义的社交。

全神贯注地用 10 000 个小时，去做一件你最想做好的事，然后，抵达你的梦想。

你没必要一开始就很厉害，但现在，你要开始去变得很厉害。

Now, just do it.（现在，就去做。）

请相信，当我们持续努力，整个世界都会慢慢地走过来。

你要接纳
你所有的耻辱

◡

　　忘了从哪天起，一个 ID 为"路人丙"的人，写备忘录似的，时不时给我发私信，内容与文艺无关，与公共话题亦无涉，细细碎碎，都是她的日常。

　　诸如今天天气很好，早上出门看见一只灰鸽子，死在了路边；搭公交车时被偷了钱包；路上遇到一个人，长得像她暗恋的男生；上班迟到了，主管说了很苛刻的话；忙了一上午，遇到难缠的客户，软硬不吃，就是要撤单；晚上一个人回出租屋，到熟悉的餐厅点了个砂锅面，味道很棒，店主很亲切，她想和他说话，觉得像《深夜食堂》里的小林薰，但终于没有说；回到家看了部电影，关于爱情的，哭了一会儿，觉得这一生就这样完了，多年前也有一个人，许诺要给她一个家；浴室的热水器坏了，她没有叫人修,她听着滴答的水声,看见北京的天空奇异地停着一团月亮,她有时觉得应该离开，去另一个城市重新开始，却发现行李太多，她扛不动，也不知该寄往哪里……

她的信是典型的流水账，细节连缀细节，事例接着事例，不宏大，也不深刻，亦没有表达情绪的词。但看久了，却觉得每一个字符，都有着无法承受之轻。

我感激她的信任，却不知回应什么，或许，她只是需要一个安全而静默的倾听者，就像从前的我，没有可说话的人，便在和菜头的公号下，七七八八地说我的鸡毛蒜皮一样。

我问她："你有朋友吗？"

她给了我回答："自己吧，或者说，第二人格，呵呵……难过的时候，会对自己说加油，生日的时候，会买一份礼物，包得整整齐齐，右手交到左手上，说，生日快乐，送给你！"

这个细节让我想到走饭，那个因抑郁而离开的姑娘。我想，"路人丙"应该也是一个无法宽恕自己的人吧。

这个猜想果然被验证了。有一天，她又发来新的私信，谈到一个梦：

那个梦依然清晰。

似乎危险降临，埋伏在身畔，影影绰绰，我从屋子里仓皇逃出，背着包，在路边等出租车。然而久候不至。车子要么拒载，要么满员，要么在前方被拦走。内心焦虑，如蚁在锅。

人越来越多。

然后，我看见这一生最恐惧的人，一个无数次出现在我噩梦里的人，他站在马路对面，藏在人群中，盯着我，然后走过来，站在我身边，挥来狂风暴雨般的拳头。车流人海，白眼讥笑，我是一个公开展览的耻辱，无法隐藏，也无法终止。

惊醒后，旧痛入心，往事历历在目。

我要报仇，我要报……

末尾，她又说，然而，又如何报得了仇，我付不起成本，也没有作恶的道德准备，我只有眼睁睁地看着他，看着他呼风唤雨，看着他德高望重，看着他妻荣子贵，看着他继续无耻地捕猎、无情地抛弃……然后躲在这里，带着像刺青一样的人生污点，在以后的日子里自我为难。

我不知道"路人丙"发生过什么，但她的留言在我内心产生了很大的回响。毕竟也有如鲠往事，横在喉间，咽不下，吐不出。

然而也因如此，才更知道，她需要的没有其他，只是接纳往事，接纳自己的羞耻。

前不久看斯坦福大学的Ted演讲，其中谈到抑郁等病症，有如下解读：伤痛≠痛苦，痛苦＝伤痛×抗拒，所以，情绪上出现抗拒，就会有痛苦，反之则可缓释。

这就说明，"伤痛"不可避免，"痛苦"却可以选择。

很常见的例子是，倘若我们患有慢性疼痛病，绷紧或对抗，痛感会加剧；放松肌肉，舒展肢体，顺其自然，疼痛便可以得到缓解。

抗拒疼痛会让疼痛加剧；

抗拒失眠会彻夜不眠；

抗拒讲话焦虑会加重口吃；

抗拒婚姻负面问题会让婚姻更加恶化，最终劳燕分飞。

如果伤痛已经发生，并且无法补救，那么，内心对它的拒斥越激烈，越是将之视为敌人，视为异己，越会将它从身体里分裂出去，掉转方向，与自我对峙。最终，作为敌人的"伤痛"变成新的箭、新的刀枪、新的盐，反投过来，产生更剧烈的痛苦。

反之，倘若把伤痛视作自身的一部分，接纳它，不排斥，痛苦则会变得轻微。

伤痛 × 零 = 零痛苦。

伤痛 × 大量抗拒 = 大量痛苦。

再举个殊途同归的例子。2011 年，我奶奶去世，家里来了些佛教徒。其中一位和我说，他们去过许多临终者的床前，为他们做最后的超度。当濒临死亡的人被安慰和指引后，接纳了死亡的事实，不再抗拒，不再挣扎，他们舒展开来，安静地离去。然后，会发生一个近乎奇迹的现象：和普通亡者不同，他们的身体不僵硬，不瘀青，柔软和悦如婴儿。

人生于世，我们都渴望四平八稳的安逸，恐惧四面楚歌、八面埋伏的伤害。然而，倘若后者不可避免，那就不要挣扎，像河蚌悦纳沙粒一样，去接受它的发生。

我希望有那么一天，你不会再说，我是路人丙，但是有污点。

而是，我是路人丙，而且有污点。

在此之后，将耻辱变成身份，创造新的意义。

所有生命的不幸，都是寻找意义的契机。

所有人生的缺憾，都是创造意义的入口。

深渊里有恶龙，深渊里也有英雄。安德鲁·所罗门说，如果你驱逐了恶龙，同时也驱逐了英雄。

许多从绝境中逆袭的人，谈及如何站起来，有一个共同经验是：掩盖与逃避，都不是最好的办法，最好的办法是接纳它，将生命中最狼藉的时刻，最惨痛的经验，变成你的独特存在，化作你的身份，然后，创造更强大的自己，来还击能伤害你的事物。

耻辱当然不是一枚奖牌，但它应是一场革命。

它摧毁从前的格局，推翻童话式的认知，撕破山温水软岁月长、花好月圆良人在的人间幻象。

你带着悲痛的自我，沉默地俯下身去，在声誉的废墟上，在舆论的沙场中，在经历的断壁残垣里，将每件往事，将每句咒骂与讥讽，打磨成身份的基石。然后，一颗颗，一块块，一层层，天长日久，筑成身份的大厦，继而在此中，创造自我的意义。

而这个创造的过程，就是新的自我诞生的过程。

莱温斯基重新站在世界面前，讲述羞辱的代价。当我们对她给予掌声，那些人生污点，便只是她的旧我。

"这就是我的例子所能贡献的启示，"她说，"给正在经历人生中最黑暗时刻的人们，嵌入一个观念：在某个时候，有一个曾被全世界羞辱得最厉害的人，她挺过去了。"

她没有让错的变成对的，而是让错的变得珍贵。

生命充满局限和障碍，许多时候，我们以为痛苦与厄运是生活的终结。但它其实不止于此，它也是力量和故事开始的地方。

艾米·珀迪说，局限和障碍只会造成两种结局：要么让我们停滞不前，要么逼我们迸发出巨大的创造力。

如果你停留在耻辱里，你就成了永远的耻辱。

如果你从耻辱中创造意义，你就有了面对痛苦的勇气，也有了重建自己的可能，还有了来自世界的力量，并最终给予世界力量。

而到那时，你最终会感激，那个你曾一度千方百计想修改的人生。

聪明人都喜欢
干掉自己

⌣

从前教书的时候，和孩子们玩过一个游戏，我们叫它——自相残杀。

怎么玩呢？随便拎出一个论题，比如，我们应该对父母孝顺吗？你的回答可以是肯定的，也可以是否定的。并且，给出丰沛的、缜密的理由。

这一点都不难，不是吗？

但接下来，似乎就不太轻松了——你要站在你的对面，来反对你之前的观念。同样的，要言之有物，言之有理，不可胡搅蛮缠。

如是再三，你就会发现，你卡在某个节点，无法继续了。因为，学识、经验与逻辑能力受限，几个回合后，我们就看到了自己的尽头。

再说下去，就是车轱辘话，在原地转来转去，虚飘飘地修饰和补充，无法自我突破。

（当然得匹配阅读，大量信息支撑，源头活水不断来，才会让思考良性运转下去。否则一味瞎想，极容易让人变得雄辩而浮躁，甚至干脆厌恶起思辨来了。）

这种训练的好处是，分歧在哪儿，争议性到底在什么地方，更接近正确的答案是什么，会逐渐明晰起来。而且，在争论的过程中，新的疑惑又被逼出来。比如，孝的边界是什么？顺在何种场合下可行，在何种状况下不可行？当自我的意愿与父母的意愿发生冲突，我们又该怎么办？……这些问题成了新的方向，让我们继续去发现。

但，这个小孩子玩的游戏，大人们似乎都不太喜欢玩。因为累。真的，两具肉体的交缠是愉悦的，两个自我的交缠却会让你累得要死。

不信，你试试！

之所以发明这个游戏，是因为确认偏误无处不在。这种思维的顽疾，像空气中的病菌一样无处不在。它让偏见横生，并自觉永远正确，永远正义，永远正能量，然后，在这种舒服的、执拗的认知中，一系列的错误相继发生。

而"自相残杀"，干掉自己心爱的理论，则是对付这种思维病菌的青霉素，治疗并不舒服，却有望让人恢复健康。

确认偏误是什么呢？

举个例子。一种让你舒服的声音是：周星驰是永远的喜剧之王。然后，我们会过滤掉与此相矛盾的信息，比如，取消关注发出不同声音的公众号和微博，搜寻相同态度的文章，转发褒扬他的报道。如此一来，"周星驰是永远的喜剧之王"这一观点，便得到你的一再强化，最终对此笃信不移。

互联网在今天，是逐渐个人化的东西。我们"私人定制"喜欢的信息。喜欢八卦的，收听娱乐频道和八卦公号；喜欢爱情鸡汤的，关注一堆情感博主；喜欢星座的、喜欢算命的、喜欢军事的、喜欢民生的，都会定制相应的信息来源，加入相关的论坛或社群。我们在一堆志同道合者的抱团中，使观念越来越一致化。

更糟糕的是，在这个过程中，和我们意见相反的，会被拉黑、屏蔽或取消关注。慢慢地，异议不再出现在眼前。最终，我们只能听到一种声音，只能看到一种态度。

而在现实生活中，同样如此。

张三是人渣，你可以找到佐证的一堆理由和证据。李四是圣人，你也可以找到许多信息，来证明它的成立。

真正的事实可能相反，或者说，并非如此片面单一。但是，如果你不能站在自己的对面，审视自己宠爱着的观点，改变就无从发生。因为一旦有人对你说，"张三也不是人渣啊，他工作卖力，才华横溢……"你会努力证明自己的判断是正确的，"哪里呀，你是不知道，他有多烂，他曾经……"如果对方坚持自己的判断，你在相争的过程中会情绪化地将他视为张三的同党，连带着也讨厌上了这个说话的人，而对张三的观感丝毫没有半分改变，甚至还会加重你的偏见。

要么呢，嗤之以鼻，忽略之，过滤之，一段时间之后，你完全忘记了这个声音。

确认偏误是所有思维错误之父——它倾向于这样诠释新信息，让它们与我们现有的理论、世界观和信念相兼容，即选择性相信。相信支持我们的，无视与我们相悖的，哪怕事实确凿，我们也会把它们当成"特殊情况""意外事件""小概率状况"来搁置一旁。

然而掩耳盗铃，故步自封，从来不是解决问题之道。赫胥黎说过："事实不因为被忽视而消失。"

那么应该怎么克服确认偏误呢？

如果做不到像孩子一样"自相残杀"，就参考一下达尔文的做法。

年轻时，达尔文就很担心自己被偏见所误。因此，当观察与理论相矛盾时，他会马上记录。他随身携带一个笔记本，一旦遇到与判断相悖的信息、现象、言论、推断……就强迫自己，在 30 分钟之内写下来。因为他知道，30 分钟后，大脑会主动忘记它们。

别扯了，
这世上根本没有怀才不遇

从体制内，到体制外；

从教师、出纳，到自由写作者；

从十八线偏远县城，到定居广州；

从月薪 3000+，到月薪 10 万 +；

从终日自我怀疑，到隐隐为自己骄傲；

从迷茫、愤懑、怨怼，到坚定、强大、幸福；

从父亲指着我说"你是我们家的耻辱"，到母亲经常在朋友圈晒"我

女儿真了不起"；

从我对家中的苦难无能为力，到我可以为之担当和负责。

…………

这是 2015 年至 2016 年，我的生命里所发生的真实改变。

如果有人问我："这一生，哪件事对你最重要？"

我会告诉他："离开体制。或许，其他事都有过程度不一的后悔，但只有离开体制，是我一想起，会360度无死角地认为，这是我一生中最最最正确的选择。就像一生中，唯一一次考了100分。"

多年前看过一句话：许多生命中重要的、影响你一生的转机，当时发生时，却是悄无声息、不足为外人道的。

你看不到那个举动所暗含的意义；

亦听不到那句"我想好了，我辞职"的话语所引发的蝴蝶效应。

那一天，和一生中的任何一天，都没什么不同。

一样混沌的天色，一样灰头土脸的街道，一样庸碌、疲惫、无可奈何的人。

唯一不同的，是我坐在某个办公室里，低头写下一封辞职信，"本人自愿离开体制，放弃公职，一切后果自行承担……"然后递交，签字，盖章，离开。

当时的在场者，待我好的，都开始为我担心：前途未卜，凶多吉少，这一生，于她，不知是末路，还是穷途，抑或者康庄大道。

待我不好的，都开始暗自嘲笑：什么狗屁自由，不过是自寻死路。且看她如何坠深渊，且看她如何入低谷，且看她如何楼塌了……

而我至亲的亲友，要么鼓励，要么含泪。

像生离死别。

像大难临头。

"以后，就看你的造化了！"他们无力帮衬，只能听天由命。

只是希望我不要不好。

一位朋友甚至说："冲儿，一定要混出点名堂来，如果不好，我情愿你已经死了，也不愿你一个人，在外面受磨难凌辱。"

而我母亲，在我登机时，发来语音，哽咽失声："我好难过……"

越是艰难的选择，越是需要加倍的勇气。而这种勇气，不仅要用以应付未知的恐惧，还要用以挣脱亲情的挽留。

因为爱，他们会本能地，希望你的人生，遇见最小限度的风险，享受最大限度的安稳和幸福。

只是，我从来都知道，母亲也知道，我是一个很偏很偏的人，不甘平庸，亦不以稳定为此生所愿。一旦拿了主意，谁也拉不回头。她接受了我的离开，只是夜里仍旧做梦，梦见我不好，梦见我被人欺负，打来电话，忐忑地问我现在怎么样……

我说："妈，你等着，我会让你幸福的！"

自由被每个人所渴求。

也被每个人所逃避。

因为，它意味着，你要独自面对整个世界，无人援手，无人支撑。一切险境与阴谋，你都要独自面对，不许撒娇，不许耍赖，不许逃避，不许变节。

你不知将与什么相遇，也不知将与什么对敌。

但不论是什么，你必须全部认领，包括荣光与喜乐，也包括失败和伤害。

不过，正因为如此，你才会置之死地而后生。你会召唤所有力量，和你一起出发，越过体制，越过稳定生活，越过惰性，启程前往伊萨卡岛。道路漫长，充满奇迹，充满发现。

一切都需从头开始。

而我唯有写作，这一种武器。

江湖叵测，世道无常，以写作为生，能否自保，能否安身立命？这些，已经容不得多想。

人必须学会放下无用的恐惧，将全部精力投注于事情本身。

后来，开始写。

因为有了一定的基础，所以，起步不算艰难，也有一些读者在看，出版商也一直在邀约，只是离我的目标，还是相去甚远。毕竟，我是要成为海贼王的女人呀！

有一段时间亦懒惰，因为对自己怀疑——你看，奋斗途中的自我怀疑，是最害人的东西——怀疑这是无用功，怀疑自己资质有限，怀疑写 N 年还没大起色。既然如此，少写一篇与多写一篇，也没什么区别。

于是就很放任自己。

一放任，更是没成绩。因为没成绩，更加不想动笔。收入捉襟见肘，仅够维持生活。

那段时间我当然过得不开心。

因为不开心，所以搞了许多借口，来安慰自己。

比如我有病，比如我不行，比如我在高筑墙、广积粮、缓称王，比如岁月静好，活得开心就好……

结果，在我摇头晃脑，岁月静好时，和我同一时期起步的人，因为勤奋，早已成为100万粉丝的大号号主，新书销量50万册的畅销书作家，月薪几十万的富婆……即使我披上牛郎的牛皮，也追赶不上了。

距离就此拉开，只能羡慕嫉妒恨。

也就此，学到了一个惨痛的教训：犯懒不可怕，天才也会犯懒，但关键是，你不能创造出花式借口，来为自己开脱，那就要人命了。它会让你懒到无极限，懒到变成蛆还不自知……

谢霆锋在《蜜蜂少女队》里说：决心，要下得狠！

安迪·格鲁夫说得更绝：只有偏执狂才能成功。

后来，事情出现转机是我在香港时，看到有人一夜之间，涨粉20万，当时惊呆了，和朋友说时，他说："人家是日更，基础比你好，名气比你大，你有什么资格停下来？！"

无颜以对。

羞愧至极。

我讷讷地说："我没写的冲动……"

"职业写作要什么冲动？你要定时来一发，不论好还是坏，习惯必须保持，你不能等着奇迹从天而降……你要像费曼一样，整个人都投入进去，就要像一把刀直扎下去直到刀柄一样，不要问为什么，也不要管会碰到什么。"

我还算是个有救的人。

从香港一回来，就开始持续日更。

不论每天身体舒服不舒服（我现在颈椎就痛得要死，但还是必须工作），遇见什么事，情绪好不好。

我对自己说：

你要死磕到底。

你没有退路。

你要像钟表一样，不拖延，无借口，零误差。

棉花糖心理实验早已证明，自制力才是成功的根本。各行各业，只有够自律、够坚持、够专业、够优秀的人，才会成为引路之灯。

也许有人会说，这种要求过于苛刻。

但是，对于一个自由职业者，人生就如逆水行舟，不进则退，意志则如平原跑马，易放难收。很多人因为随性，在人生的滑梯上，一泻千里，成了没救的游民，比辞职之前，还要窝囊、失败上百倍，看着都让人犯堵。

转机，就这样开始了。

三个月以后，公号迎来了第 30 万个读者，两部书稿签给了中国最好的两家出版商，同时，投资的、合作的、推广的……都带着真金白银，来和我洽谈。

4月，月薪过10万。

4月，我成了新榜的自媒体范本，讲述自己的经验。

4月，我给我妈打了20万，说："妈，随便花！"

月入3000+时，我所有的资源与见识，都困在3000+的生命格局里。

如今人生有了另一番景象，你会发现，原来10万+，也并不难。

我曾经说过：收入，和个人价值是成正比的。

这种价值，既来自资源、资产、人脉，也包括专业度、影响力。

对于我这样出身农门、无背景、无资源的人而言，我能依恃的，只有我自己。

我只有努力地，利用手中的笔，打磨每个细节，写好每一篇文章，为自己增加含金量，变成一个自媒体界的限量款，尽可能地发光。

这时代，早已不是"学成文武艺，卖与帝王家"的唐宋元明清，而是"独木可成林，孤身能成王"的互联网时代。

它最复杂，也最自由。

它最多变，也最公平。

它最多浮躁，也最多选择。

我感谢这个时代。

正因为它削弱了资源的垄断，信息的独占，话语权的控制，所以，所有人都能以个人为单位，进行全球性伸展，占得一席之地，燃火为号，努力发声，获得报酬。

托马斯·弗里德曼说得对：World is flat（世界是平的）。尤其是信息时代。

因此，假如你也想写作，请听我一句肺腑之言：

在这个疆域里，从没有怀才不遇，也没有生不逢时，真正的精英，只要持之以恒地努力，必会脱颖而出。

如果没有，只能说明：

一、要么你无才；

二、要么你无志；

三、要么你无毅力。

离开体制，给了我一个破釜沉舟的机会。

过河卒，不能悔，无退路，只有前进，一门心思朝前闯，也因此，所有恐惧和犹豫，都会化为乌有，所有虚无与怀疑，亦会灰飞烟灭。

你不会知道，这是一件多么幸福的事。

是的，幸福。

你会感觉到你的每一寸光阴，每一个细胞，每一分注意力，都在因挚爱之事而生动。

你会感觉到，一种不浪费的满足，一种不虚度的安全感，一种宁静的极乐，一种被命运厚待的福荫，一种突破语言外延的瞬间的灿烂……

佛曰："这是有福！"

人说："还有钱！"

我说："还有爱！很多爱！"

你的失败，
原生家庭不背这个锅

听过这样一个不像笑话的笑话：

甲没车没房。

人问他："为什么不买？"

答曰："家里没钱。"

"你都 40 岁了，咋就没点积蓄呢？"

"因为我父母很差劲……"

"你父母和你有什么关系？"

"原生家庭会影响一生你不知道啊？"

乙 35 岁了，还没有结婚。

人问她："为什么不结呢？"

答曰："因为父母天天吵闹，双双出轨，婚姻太失败，我心里阴影太大，对长期亲密关系充满恐惧……"

"可你已经长大了呀!"

"是的,但我的内心,还是一个孩子……"

丙呢?

天天做发财梦,技能跟不上,资源也没有,结果被骗到传销窝中,洗脑后,把一帮亲戚都骗了个遍……

几经周折,救出来后,人问他:"为什么做传销呢?"

答曰:"因为我父母望子成龙。"

"可你父母都死了,并且,他们也没叫你去做传销呀?"

"他们虽然死了,控制却还活着!"

这一串事例,好像并不好笑,因为,太真实了,也没有夸张变形之处。

但不知怎的,我当时听的时候,却是笑得不行,笑到后来,就觉得:

巨婴太多了,妈宝无处不在,在面对人生困境时,虽然已经成年,却学不会站起来,对他人说:"我做的,我负责!"

而是躺在困境中,苦心孤诣推卸责任,对世界撒娇耍赖:"都怪他,都怪她,都怪他们……"

这未免就太幼稚了。

一辈子寄生在原生家庭里的,都不是真正的大人。

只有开始明白,脱离原生家庭的那一刻,人生,就不是别人的人生,困惑是自己的,喜乐是自己的,荣光是自己的,阴郁是自己的……一切都是我们主动创造的，怨不得任何人。

如此，成长，才会慢慢发生。

我写过许多关于原生家庭的文章。

亦承认，它对孩子的影响非常大。

但我得说，我们不是一辈子活在童年的人，我们会进入青年、壮年、中年、老年……

而在这些阶段，父母的影响，会越来越弱，越来越小。

以我自己为例。

出身底层，整个童年都在赤贫与暴力中度过，理所当然地，从小到大，我都极其自卑、缺爱、情绪化、外表刚强、内心脆弱……

这些，都是由原生家庭衍生出的问题。

所以，在婚恋中，会习惯于单恋、暗恋、被疯狂追求等一人在场的苦恋，而不是勇于追求；

在与人交往中，会不自觉地退却，处理不了复杂的人际关系；

在自我认知中，会不自觉地自我贬低，因此，他人的中伤，会轻而易举地，让我陷入痛苦。因为，这印证了我对自己的鄙夷……

有救吗？

当然。

人可贵的地方，在于有自我学习的能力。

人伟大的地方，也在于，我们能通过自我学习，慢慢地，缓缓地，一点点地，松动原生家庭带来的魔咒，恢复健全的自我，再给予他人以真正的爱。

后来，开始读书，开始写字，开始学着理解……

在这种努力中，与母亲的关系终于缓和。

而某些看似不可解的性格问题，也开始一天天好转。

原生家庭的烙印，不是恶性肿瘤，充其量，只是一种漫长的炎症，只要施救得当，就可抑制坏死细胞的蔓延，甚至使之逐渐减少。

2014 年在成都，周末的时候，去参加一个讲座，见到冉云飞老师。

讲座接近尾声时，他提起自己的原生家庭，一个残缺的、苦难的、充满血泪的家庭。

因涉及他的个人隐私，我不便说太多，总而言之，我听得瞠目结舌，无比震惊，同时也奇怪：为什么出自这种家庭的孩子，还能顺利地长大，并且长得还不错？

其实很简单。

在他能独立求知之后，开始修习大量心理学，自己给自己做检查，自己给自己开刀，自己给自己缝合，自己给自己开药……

至如今，已经野蛮生长为一名著名的"土匪"。

而我最好的朋友可二，同样拥有一个支离破碎的原生家庭。

在他 10 岁时，盛夏的半夜，他的叔叔——亲叔叔——用炸药，埋在他们家的墙根下，点燃引线，炸毁了他们的房子。当时全家人正在安睡，父亲、母亲、他、弟弟……

谁也没想到，那样静好的夜晚，一场爆炸会突然发生，摧毁了他们安稳的生活。

万幸的是，人没有大事，大家从废墟中爬出来，除了少许皮外伤，没有人缺胳膊少腿。

只是，叔叔自杀了。

父亲从此疯了。

在可二大学毕业之后，弟弟失踪，十年不知音信。

在这样的家庭中长大，遭遇了这样的厄运，他的精神创伤自不可避免。

但是，可二是我见过的，最聪明、最博学、最有趣、最通透、最有灵气也最接地气的人……没有之一。

我信任他，爱他，并且崇拜他。

我曾对人说，即使全世界都对我恶语相加，只要他说一句："傻姑娘，你已经很好了！"我就可以放下一切怨念。

他是怎样做的呢？

读书，读海量的书，自己将自己了解得跟个透明人一样，然后，和自己的躁郁症和平相处，状态好的时候，创造一切机会去工作，去改变……

我认识可二将近十年。

十年里，没听过他说一句对原生家庭的抱怨。

没听过他指责疯癫的父亲只言片语。

相反，我只听过他说："他们又不可能完美，我怪他们有什么用……"

投胎，我们无从选择。

这是不可控的命。

但过什么样的生活，我们却可以创造。

这是可控的运。

假如你此时还未成年，必须靠原生家庭抚养，那么，抱怨父母，我们无话可说。

假如你已开始独立，那么，请记得：从此以后，能对你人生负责的，只有你自己。

如果失败，先找自己的原因，不要让原生家庭来背这个锅；

如果抑郁，去看精神科医生，不要窝在床上恨老爹老娘；

如果不快乐，去交朋友，或者阅读相关心理学书籍，努力疗愈自己。

人生不是线性的因果关系，它是非线性的，你可以通过自己的理性，高度的自律，大量的付出，去创造出属于你自己的故事。

这个故事的书写者，是你，而不是其他人。

最后，想讲一下安·邓纳姆。

她是奥巴马的母亲。

18岁，遇见巴拉克·奥巴马，生下连任两届美国总统的奥巴马，第二年，二人分手。

她独自带着奥巴马，重新返回校园。

后来，遇见来自印尼的罗罗·苏托洛，与之结婚。

几年后，再次离婚。

婚姻动荡，生活窘迫，一生漂泊。

但是，成年的奥巴马却没有怨恨母亲，他在自传《来自我父亲的梦想》中写道：

在我的生命中，她（母亲）是独一无二的永恒。

在她身上，我看到了最仁慈、最高尚的精神。

我身上的所有优点都源于我的母亲。

2009 年 1 月 20 日，奥巴马正式接任美国总统，成了美国历史上的第一位非裔美国人总统。

我想，他之所以能成功，原因有许多，外界的、时势的、资本的……但归根结底，还是在于，他超越了出身，不仅没有沉沦，反而从中汲取力量，变得坚忍、自制、理性、智慧，又极富同理心。

这一切，都是他领导魅力的主要来源。

原生家庭会影响性格。

性格会影响命运。

但是，真正的意志与理性，却能通过改变认知，改变行动，继而扭转命运的走向。

如果此时此刻，你正处于原生家庭的阴影中，爬不出，挣不脱，洗不掉……

那么请记得，我们的性格，不只来源于父母，还来源于教育、环境、友人、师长、各种相遇相知……最重要的，是来源于自我学习。

所以，好好修炼，好好学习，逐渐强大。

强大，不是指你有多厉害，而是指你有能力去选择。

有选择，就会有自由。

有自由，就会无怨气。

无怨气，就会有悲悯……

然后在那更宽广的地方，你会认清一件事：父母不可能给予你所有，但你，可以给自己想要的一切。

真正的铁饭碗不是体制，
而是你的本事

有人问："大学毕业，我是该在京闯荡，还是回乡进体制，哪一种比较好？"

我尊重每一种选择。

但如果你来咨询我的意见，我会告诉你：去大城市，去竞争最激烈的地方，去市场化最普及的地方。因为，那里自由多，机会多。

我在体制内待了多年，深知小地方＋体制内，对一个年轻人的束缚有多厉害。

一来是薪水，二来是机会，三来是观念。

当时在县城中学，月薪3000+，永远上不去，也下不来。而教书教了一生的老教师，薪资也不过翻了一两番而已。

也就是说，你卖力与否，优秀与否，一辈子，都不会有太大的区别。

一生都困在四位数里，却要你用半生的激情、斗志与可能来交换，想想也真是亏得很。

可是，当你走出体制，从市场中拿钱，按劳分配，按价值分配，境遇会有什么不同呢？

以朋友圈的几位友人为例。

A 离开体制，做 IT，薪资是原来的几倍。

B 离开体制，做培训班，薪资是原来的十多倍。

C 离开体制，做新媒体，薪资是原来的百倍。

我所熟悉的人中，没有一个离开体制是混得比原来差的。

也许有人要说，你举的这些例子，主人公都是很有本事的人，我又没本事，哪里来的机会？

对此，我想说：1. 没本事在体制内也会混得不好；2. 在本事均等的情况下，机会当然是大城市比较多。

小地方重人情。

大城市重市场。

重视市场，权力的成分就被削弱，裙带关系的权重会被减轻，你会得到最少的控制、最多的自由。

自由，必然带来机会。

机会，必然带来资本。

资本，又反过来催生自由和机会。

于是，良性循环开始。

在这种地方，你就可以依照契约与规则，创造商品或服务，来赚自己的钱。

同时，自由会带来竞争。它会推着你前行，不断地提高服务，创造更好的商品，回馈给市场。也就是说，它会逼着你成长，而不是纵容你堕落。

但在体制内呢？

一个在事业单位工作了十来年的人说：想想真是吓人，工作半辈子，本事没学到，能力没长进……庸碌辛苦，真没什么太大的意思！

最令人难受的，是体制内的观念。

印象特别深的是，当我工作时，父辈们就一直教我：要学会做人——逢年过节要给领导送礼，要多请领导吃饭，领导有需求不要拒绝，不要管它合理不合理，不要和同事起纷争，能避就避，要夹着尾巴做人……

那时我觉得，体制内真是没劲啊！

工作以后，则觉得暮气沉沉，壁垒森严。

那种"领导说了算""想那么多干吗，开心就好""今晚三缺一，你们谁来啊"……得过且过的氛围，会让你慢慢地，也消融在其中，失去进取心。

有人说，清闲的工作，不是刚好可以拿来充电吗？

其实不太可能。

在无压力、无竞争、无激励的情况下，你会觉得，不学习是正常的，反正有饭吃；不努力是正常的，反正有钱拿；不思考是正常的，反正有班上……因此，慵懒和落后成了一种必然。

你就这样浪费着时光，一不小心，就到了中年，然后又将这种落后观念，传承给你的孩子。

有一回，参加一个酒席，一领导坐首席，以一种不可商量的、"老子就是真理"的口吻说："我女儿马上大学毕业了，说想去深圳，说什么那里机会多，我就说，你要去深圳就别认我这个爹，赶紧回县城来，女孩子跑那么远，搞那么辛苦干什么，就应该待在父母身边，再说了，又不是没饭吃，没房住……"

众人称是。

连道："领导真有远见，领导真有大智慧……"

有时候很庆幸，我只花了几年时间，就摆脱了这种陈腐观念，坚决地离开。

离开之后，生活焕然一新，金钱、机会与自由，都开始来到生活里，而在存在感与幸福感上，也有了一种更确切的"我活着，我无悔"的感恩之心。

这在以前，想都不敢想。

但是，当你真正做了，才知道，这个可以有！

这个必须有！

时代正在迅猛发展，铁饭碗的概念，已经越来越虚化。

进体制，并不意味着一生安稳，清清闲闲地过一生。

它有自己的麻烦，也有自己的危机。

而正在发生的危机是，你在体制内消耗过久，解决危机的能力正在不知不觉地弱化。

当政策来一次大洗牌，当时代来一次大换血，就像 20 世纪 90 年代的下岗潮一样，你能否在风起云涌中屹立不倒？

如果不行，请开始反思。

真正的安稳，来自一个人可以自我负责的能力。

一位律师朋友，也是体制内的人，但是，一直都有离开之心。连续几年，苦心孤诣地自学法律，考了证，开了事务所，到如今，业绩与影响力都很厉害了。

前几天，他和我说："今年我就会离开！"

我问："不要'铁饭碗'了？"

他飙了一句金句："'铁饭碗'从来不是体制，而是个人的本事。"

另一个朋友，是一名优秀的摄影师。

她离开体制，创立了自己的社群和媒体，活得又自由，又富有，又自在。

是啊，当你拥有出色的技能，走遍万水千山，你也不愁吃穿。而无论时局如何变化，你也可以找到自己的生财之道。

回到文初的问题，如果你还年轻，欲入体制和回乡，请谨慎。

因为，一旦进入，往往难以回头，一生就成定数。

在自由的都市里，人才有不可预测的可能。

你不知道明年命运会给你什么惊喜，不知道后年又有什么际遇，十年后，又会有什么奇迹，在犒劳自己的努力……情节变幻莫测，更像一场永不剧透、永不停播的冒险游戏，一关闯完，你升了一级，再闯一关，再升一级……等到某一天，你举剑四顾，发现自己金甲着身，武功卓绝，已然成为昔日自己所艳羡的英雄。

当你发现自己站在了大多数人一边，
也许你就该停下来反思了

心情持续低落，需要很多美来填补。

于是，一下子看了好多部动画电影。其中一部，就是《明月守护者》。

电影一开始，就把我带入幻境——

起初，我们的世界没有光，是一个力量超大的人，把太阳拉到了我们的小星球。他被称为太阳守护者。

他调控季节，照管我们的土地……

至于月亮，它是由第一位月亮守护者，从梦境世界带来的。实际上，他也给我们带来了梦。

白天和夜晚之间的平衡就这么产生了。

后来，月亮与太阳被窃，两个守护者开始寻找和营救，一路都是奇迹，一路都有爱和勇气相随。

整个故事动人之极，也浪漫之至。

电影中有一幕，印象极深。

即太阳守护者索宏，被恶魔所困，四周都是扭动的银蛇，但蛇没有攻击他的身体，而是用千万种声音，对索宏进行羞辱——它要索宏变成恶魔。

它们狂笑着，讥讽着，用刻薄的话摧毁索宏：

这就是那个丢了太阳的废物吗？真是个白痴……

蠢货，你真是历来最糟糕的太阳守护者……

可悲，你就那点能耐吗？英雄？！

索宏越来越愤怒，越来越憎恨，他明亮而伟岸的身体，变得越来越黑，眼瞳越来越小，他的灵魂正被异化，慢慢地，变得与自己的敌人毫无二致，当他的同伴来临，他已经认不清他们。

他咆哮着，冲朋友大吼，想撕碎他们——而这，正是敌人的目的。

最后，他们叫他："恶魔！"

英雄到恶魔的转变，就这样轻巧地发生了——只要对方声音足够大，足够人多势众，权力和武力足够威胁人。

中国历史上，有一个十年，发生过许多颠倒黑白的事情。

其中许多人，在民众的审判之下，从开始的坚守，变得动摇，变得屈服，变得和迫害者一模一样。

而这群人中，也不乏许多卓越的学者和坚定的战士。

1976 年距今已经过去了 40 年。

在这 40 年里，经济发展翻天覆地，但有些东西，却一直硬硬地存在。

慕容雪村写过一部纪实文学作品——《中国，少了一味药》，讲他卧底上饶传销窝的所见所闻。

在被传销组织洗脑的中期，他作为一个意志坚定、学术扎实的学者，竟然也慢慢地自我怀疑，驱向于相信。

他说，如果自己不是早点逃出来，不知道现在会变成什么样。

为什么我们会这么容易自我背叛？

因为，人都会本能地逃避孤独。

这种孤独，不仅有环境的孤独，也有理性的孤独。

一个人长年累月地独处，是难以忍受的。

一个人长年累月地，没有任何人认同他的话，也是相当难熬的，甚至更甚于前者。

博尔赫斯曾在小说里写："我一连好几天没有找到水，毒辣的太阳，干渴和对干渴的恐惧使日子长得难以忍受。"

这个句子为什么令人赞叹，就是因为在"干渴"的后面，博尔赫斯告诉我们，还有更可怕的"对干渴的恐惧"。

孤独与之异曲同工。

孤独本身并不可怕，它并不会杀死我们，杀死我们的，是我们对孤独的恐惧。

因此，如果意志不够坚定，我们很容易迫不及待地，走向"多数人"。

试想，和人民群众站在一起，你呼我应，山呼海啸，虽然不高明，但是多安全，多保险，多轻巧，多温暖啊……

这种庞大的"我们"，会带给你一种幻觉：你不是一个人，你有一群伙伴。

这多么令人有归属感！

可惜，马克·吐温刻薄地说："当你发现自己站在了大多数人一边，你就该停下来反思了。"

记得阅读《狂热分子》时，感觉埃里克·霍弗从头到尾，都在说一句话：热衷群众运动的，酷爱扎堆的，都是失意者。

而且，他的狂热程度与他的失意程度成正比。

越落魄，越失败，越一无是处，越容易投身于洪流，从事某种"正义"的伟业。

当我们个人的利益与前途，看来不值得我们为之活下去时，我们就会迫切需要为别的事物而活。

因此，未庄参加革命的，是灰到极致的阿Q。

喊打喊杀声最响亮的，往往是最失败的人。比如《西西里的美丽传说》中的妇女们。

而更多的例子，正在你我身边。

它们可能是微博的逼捐，也可能是群情激奋的"打土豪、分土地"，也可能是某一次集体抓嫖……

在声势浩大的抗议中，我们忘记了，当我们以某个正义的口号，剥夺他人的人权，进行无底线打压，这就形成了"多数人暴政"。

而历史，早已经反复告诉我们，多数人暴政，是一件多么可怕的事情。

比如《狗镇》；

比如苏格拉底被公投致死。

和菜头前不久写过一篇文章，叫《关于听话的三堂课》。

里面说：

他们彼此如同手电筒一样照射着对方，于是大家过上了一样的生活，彼此复印对方的人生，他们管这个叫作"三观正"。

从做一个听话的人开始，追求要求所有人听自己的话，终于和一大群人过上整齐划一的广场舞人生，活得就像是一群人在做大型团体操。

对于个人来说，如果还存在"个人"这个概念的话，那么，不听话是一种美德。

是的，人世间总有一些人，不那么听话，不那么喜欢集体。

他们顶着偏见前行，一直没有停下脚步，哪怕布鲁诺被民众烧死，哪怕老舍被逼跳湖自杀，哪怕他们在这条路上，一直是被伏击的孤单行军，被千夫所指的大逆不道者，被视为蚍蜉撼树的白日梦病人……

但王小波说："追求智慧的路上还有人在走，想到这一点，我就很高兴……"

是啊，正是因为这些不听话、不屈服、逆水行舟的人，今天的我们，才能活在自由与丰饶之中。

《明月守护者》中的索宏，因不堪蛇的羞辱，不断自毁，变成自己的敌人，是因为他在狂风暴雨般的袭击中，渐渐自我怀疑。

可是，如果你也正在经历，请记得：

让辱骂沉下去，让信念照亮你，然后带领自己，坚定地，走在理性而自由的道路上。

就像刘瑜说的，一个人就像一支队伍，对着自己的头脑和心灵招兵买马，不气馁，有召唤，爱自由。

这，或许是从虚无中寻找意义的唯一方式。

我更喜欢
努力的自己

04

好朋友

―――――――――――――――――――――――

为什么会逐渐疏远

―――――――――――――――――――――――

弱关系带来钱，强关系带来爱

好朋友为什么会逐渐疏远

朋友圈里无朋友

那个谁谁谁在骂你

你很有深度，但没有温度

拉黑要果断，绝交要趁早

你对外人百般呵护，对家人万分刻薄

经历破碎冰凉，陌生人却可能给你希望……

弱关系带来钱，
强关系带来爱

⌣

2010 年，我在老家。挨不住整个家族的期望，想在县里买一套房子。但那时领的是死工资，穷到家了。

各个存折、各个卡，连整带零全取出来，再加上存钱罐里的全部硬币，首付依然差七八万。我走投无路，壮着胆子，给平时"很铁""比较铁""一般铁"的熟人打电话。

干吗呢？借钱。

作为文艺女青年，平时傲娇惯了，开口借钱有多艰难，相信你们能有所体会。

结果呢？

没有一个人肯借给我。

是的。没，有，一，个，人。

　　不管关系有多亲密，不管是亲戚还是朋友，不管对方生活有多滋润，挥霍得有多夸张，都没有人借给我一分。

　　可是，外婆依然在给我打电话，说，玲俐（我乳名）啊，你要疼你妈啊，被你爸打个伤，可怜的，这辈子都没享到福……她就想有个自己的房子，你想想办法吧……

　　而我爸，每次和我见面时，都阴阳怪气地说，送你们读那么多书，都读到屁股眼里去了，一点本事都没有，昨天我看一妯娌，20多岁，一点书都没读，从外面回来，一出手就是几十万元，全价买了一套房。

　　我弱弱地说，这么年轻，还没文化，赚这么多钱，怕是来路不正吧？

　　我爸说，管她怎么来的，有钱就是有本事，你们有本事也给我买一套呀！

　　我妈呢？

　　也不催，也不求，只是苦着那张苦了半生的脸，眼神哀愁地看着我，什么也不说，却什么都说了。

　　作为家中的长女，买房的重担，不由分说地，全担在了我身上。

　　我不得不买。

　　但我也无从买起。

　　后来如何解决的呢？

　　一个朋友的朋友，只见过一面（至今也只见过一面）的人，用今天的话来说，就是弱关系中的弱关系，她听说了情况，二话不说，就借了我八万元。

我曾问过她为什么。

她说："因为我看过你的文章，也见过你本人，你的坚持是我从未见过的，就凭这一点，我非常信任你，也觉得应该帮你！"

你们知道那种忽然被认可、被解救的感觉吗？

就是你面对她的回复，一句话也说不出，一个字也回不了，眼泪滚滚而流。你在心中暗暗发誓，不要辜负，不要忘记。人上人做不了，至少，也要做个好人。

时至今日，钱早已还清。

但对她的感激，从没有半分冷却。

这件事情，引发了我对关系的思考。

因为，我还遇见了更多同类事件。

2014 年，我出书。

带来这个机会的，也是一个熟人的熟人的熟人，需转几道弯，才能搭上话。

有一天，他对我说："上周听 ×× 说起你，我这几天研究了一下，觉得你的书可以做！"

然后，事情就自然而然地发生了。

经过几个月的准备，第一本书顺利出版。

而我老公也说，他最重要的合作，其契机，都不是由熟人提供的。

比如，赴一个朋友的酒局，邀一个人饮茶，认识了另一个人。

这个新朋友，在闲聊时，无意中透露了一个信息。这个关键信息，就成了他几个大单的源起。

斯坦福大学曾经做过调查，人们找到工作，有多少人是通过关系，有多少人是通过正式渠道，比如，看广告，投简历……

结果发现，超过一半的人，都是靠个人关系获得的工作。

比如邓文迪。

在飞机上，与默多克交谈一番，就获得了星空卫视总部实习生的工作。

也就是说，当我们闷着头，绞尽脑汁，在琢磨如何让简历更好看时，一半以上的工作，已经被有关系的人拿走了。

这似乎很不公平。

但其实很公平。

对用人单位而言，一个工作机会，给A还是给B，在双双适合的前提下，谁先下手，谁就先获得。

而研究也表明，一个人能力越大，财富越多，名望越高，那么，他的社交圈子也就越广，交往人物越杂，获得的信息也就越快。反之亦然。那么，用人单位为什么不试用通过关系获得机会的先来者呢？

每个人，只要身在社会，就会拥有强连接和弱连接。

在强连接的圈子里，比如，亲朋好友、街坊邻居，因为相似的爱好和价值观，彼此传递的信息具有同质性。

你和亲戚聊得再多，都是家长里短。

而圈子和圈子之间的弱连接，比如，A 与 B 的圈子，C 与 D 的圈子，都有着不同的资源，彼此交会，就会带来新鲜的异质信息和随之而来的新机会。

这也就是邓文迪、田朴珺等交际达人能够得偿所愿的原因。

这也就是许多信息掮客，能够赢得巨额财富的原因。

2015 年，有一篇叫《圈子不同，不必强融》的文章，刷遍网络，许多人引为知音。

我不能说它的观念不对。

只能说，这种看法，是有一些欠缺的。

1. 作者是一个码字工

码字工的性质，和其他工种不一样。

它是单干型，技术范，做好自己的事，什么都不用管，所以，社交越单一，工作便越专注，成就可能就越大。

所以，作者不自觉地将自己的人生态度和生活方式，投射到了他人身上。认为所有人都不需要融圈子。

这当然是片面的。

当代社会，还有更多合作型的工作，需要关系网，需要沟通与社交能力。如果都觉得不必在意关系，很多业务都无法开展，只能在熟人与朋友间买来卖去。

2. 它只适合底层的职员

工作越底层，分工越单一。

比如，有些广告公司的底层员工，一年到头，就是画画图，设计一下 LOGO，整理一下画面，那么，你的人际关系怎么样，和工作一点关系都没有。

但如果到了高层，掌握了公司命脉，一个决定，就可以影响一帮人，这时候，你的社交圈还窄，行业信息还少，就会束缚你的思维，导致决策失误。

这也就是富人和精英关系网大而杂的原因。

3. 孤独与自闭，容易带来洁身自好、努力奋进的幻觉

这没什么不好。

但我们也要记得，圈子里，只有熟人；圈子外，才有机会。

我们不鼓励攀关系，但也不能让大家都以为，放弃社交是一种美德，是一种智慧。

社会网络学专家罗家德教授，曾经举过一个例子。

在美国波士顿，有两个社区。

一个是意大利人社区，强连接特别多，你请我吃饭，我去你家玩，

很有人情味，最后，一个个小圈子便建立了。

另一个是德国社区，大家相敬如宾，互不侵犯，君子之交淡如水，只在各种音乐会、体育团、家长会时相见，以弱连接为主。

所以，后者形成了一整片连在一起的弱连接网络，而意大利社区形成了好多孤岛状的断点网络。

有一天，政府官员决定，要做都市更新，两个社区都要被拆。

意大利社区群情激愤，各种反抗，各种抗议，甚至组成敢死队去阻止拆迁工人，但最后还是被拆了。

德国社区里的居民则平静很多。

他们组成志愿性团体，动员了各种关系，有人去找媒体，有人去市政府游说，有人刚好认识市长，就想办法直接陈情，最后，德国社区没拆。

前者是使用自己的力量。

后者是扩散自己的力量，由 1 变成 10，由 10 变成 100，就有了足够的力量反抗。

所以，如果只有强连接，社会网络就会被独立成众多的孤岛，可以被各个击破。

而弱连接首尾相连，形成一张大网，可以协力做不同功能的整体系统。

中国人喜欢抱团，因为温暖。

"团"，就是圈子。

圈子越紧密，越让人有安全感。

比如，一个团队里，强关系越紧密，就会拥有最核心的战斗力。

一个家庭里，强关系越紧密，就会拥有归属感。

这也就是，我们与亲人、友人、爱人联结越多，情感越流动，感觉越幸福的原因。

强关系会带来亲密，也带来爱。

拥有强关系的人，会觉得不再孤独。

但弱关系，却因为可以提供路径、获得信息、占得先机、推荐和控制利益，所以，会带来机会，也就是带来钱。

最后，我想告诉大家，这篇文章不是鼓励大家混圈子，也不是怂恿大家成为社交狂魔，而是希望大家看清，不同的关系，会给我们带来不同的走向。然后，根据不同的需求，选择不同的对象。

比如合作与工作，就考虑弱关系的伙伴，因为，这会让成功率更高；而散心与放松，则与强关系的亲友家人在一起，因为，这会让你更幸福。

好朋友为什么会
逐渐疏远

2015年参加了一次微型同学聚会。餐桌上觥筹交错,怀旧与吹牛齐飞,勾搭共试探一色。一个女人对我说:"当年我们玩得那么好,你还记得吗?"

她坐在对面,肉嘟嘟的手指着我。

我看了她一会儿,没有太大印象,只记得曾经同学一年,交情多深,真的忘了,但依稀仿佛应该是吧。

我说:"嗯,对。"

她是两个孩子的母亲,没有工作,在镇子里终年串门打麻将,与人交谈时,言语里总夹杂着N种生殖器名称。

"那时候,我和你和××是玩得最好的,吃饭在一起,睡觉在一起……"

记忆的毛玻璃渐渐拂去浮尘,我看到了往昔。夏天的夜,我们下了晚自习，走了十里山路，到村落里的她家，拿了点物什，吃了点红薯，又原路返回。月光照得路面清清白白，四野寂静，萤虫起伏，我们想到一生。

"一辈子都要做好朋友！"

"嗯，一辈子。"

一辈子的尽头，原来就是毕业。

从此，她扑入她的花花世界，我跌入我的滚滚红尘，她关心她的柴米油盐，我在意我的喜乐悲欢。道不同不相为谋，而疏离就此开始。

在《亲爱的安德烈》里，龙应台对儿子说：

人生，其实像一条从宽阔的平原走进森林的路。

在平原上同伴可以结伙而行，欢乐地前推后挤、相濡以沫；一旦进入森林，草丛和荆棘挡路，情形就变了，各人专心走各人的路，寻找各人的方向。

那推推挤挤同唱同乐的群体情感，那无忧无虑无猜忌的同僚深情，在人的一生之中也只有少年期有。

人变得成熟、自觉以后，会逐渐意识到自己是谁，余生想获得什么，并在一定程度上明确了哪些朋友值得全力关注，哪些朋友只是在消耗精力。

这个筛选过程有个学名，叫社会情绪选择理论。

你将一个朋友拉入黑名单，必然也将另一个人"通过好友申请"。

你被一个朋友圈"好走，不送"，也代表着被另一个朋友圈"欢迎光临"。

生活的不同，环境的差异，思想观念与生活态度的天壤之别，都会让故友作鸟兽散。

这一点，看似残酷，但避无可避，也无须避。

张爱玲在香港大学与炎樱结识，后来要好，几乎要被怀疑成是同性恋。张爱玲的书中插画，多由炎樱创作着色，照片拍摄者，亦多为她。和平年代，她们谈学业、服装、食物、气短情长以及乱七八糟，战争来临时，则一起避战火。1944 年 8 月，胡兰成与第二任妻子离婚，与张爱玲结婚。炎樱是证婚人。

可惜，青春的水花冲开以后，湍急的时间里，只看得到有去无回的人。

年长后，她们逐渐疏离，后来断交，几乎老死不相往来。一个在美国孤独度日，一个在日本快意人生。

炎樱曾在信里问，为什么莫名其妙不再理我？张爱玲说："我不喜欢一个人和我老是聊几十年前的事，好像我是个死人一样。"

这使我想到一位专栏作家，他说，有一回，他被拉入一个初中同学群，发现完全适应不了，那些熟悉又陌生的人，终日在群里转发谣言、养生文、《十招让男人彻底爱上你》……

他试图告诉大家，谣言何以为谣言，中医养生不可全信，十招让男人爱上一个女人只是可笑的花招……

如是几天，他收到提示：你被踢出群聊。

他无奈，感叹地说，年少时的朋友，只适合怀念。

推此及彼。因恩情而结缘的人，也只适合报恩；一起喝酒、K 歌、泡吧的人，也只适合享乐偷欢。

真正的朋友，资源、地位、见识一定相当。即便有些友谊，看起来超越阶级，但观念的水位，也一定是相近的。朋友是分享观点的人，而不仅仅是交换感情。

后来，张爱玲与邝文美结为至交。邝文美是翻译家，也是作家、评论家宋淇的夫人，学识过人，德行亦然。宋美龄曾邀邝文美当她的私人秘书，被邝文美婉拒。张爱玲说："我向来见到有才德的女人总拿 Mae 比一比，没一个有点及得上她的。"

1995 年，张爱玲在洛杉矶去世，死前留下简单的遗嘱，只有三条，第一就是：我去世后，将我拥有的所有一切都留给宋淇夫妇。

情义之笃，信任之切，堪称友情的模范教本。

回归当下。

在各种社交媒体中，随处可见如何挽回友情的求助、故友不再的哀叹，一个个的，一个个的，遍及视界。

我理解这种失意，也尝过友尽的酸楚灰心，亦觉得，曾经亲密的人际关系之所以终结，究其根本，是我们都看清了，那条从前微弱但后来宽深的沟。观念的沟。

只看真人秀与抗日神剧的人，与阅读阿伦特卡、夫卡的人，自然难以走到一起；

沉迷于麻将的人，与一个周游世界的人，自然难以成为朋友；

......

所以，友谊走至末路的时候，不要强求，不要刻舟求剑，不要水中捞月，不要以旧日情意来挽回，不要口出恶言。

只需坦然承认：它结束了。

然后，麻友继续去寻觅牌友，书迷与影迷成为至交，环游世界的驴友去遇见留学生，哈佛 MBA 去结交耶鲁法学院硕士，伯牙和子期惺惺相惜，谢耳朵与莱纳德互爆互炸，小 S 和范玮琪、阿雅、吴佩慈等女明星组成姐妹淘。

如果你说，我还是没有朋友，怎么办呢？

余华在《在细雨中呼喊》中说过：

我不再装模作样地拥有很多朋友，而是回到了孤单之中，以真正的我开始了独自的生活。有时我也会因为寂寞而难以忍受空虚的折磨，但我宁愿以这样的方式来维护自己的自尊，也不愿以耻辱为代价去换取那种表面的朋友。

越是没有底线的人，"朋友"越多。"这是我朋友，那是我朋友，哦，他呀，我也认识，我朋友。"

越是自我尊重的人，越慎重认领朋友。因为他知道，一来双方都要有这份情感认知，二来智慧与德行一定相当。

真正的知己可遇而不可求，或许终其一生，我们也遇见不了邝文美，遇见不了子期，遇见不了莱纳德。这真是遗憾。

但在遗憾之前，你一定要问自己一句：那些明亮的人，如果与你相遇，你是否有与之相匹配的分量？不至于成为廉价的信徒（也必成为廉价的叛徒），而成为终生的至交。

朋友圈里
无朋友

当微信人均一个，无人不用时，便不再是一种联系方式，成为我和你沟通的介质，而是一种社交、一个圈子、一个微媒体，成为我和他们的舞台。

也就是说，微信中，已经没有多少人，是真正的好友。

你不会和他们谈心，不会和他们见面，甚至一连几年，都不会对他们说一句话。

你们没有任何联系，只是互为观众，互为演员，在手机的某个App中，一天天地继续。

你有时候，也会觉得莫名其妙：我根本不认识这几百号人，为什么我要加他们?

其实很简单，人类都是逐利的。

而微信好友,在我们的认知中,也是一条路,可以通往某种未知的利益。

2015 年时,我曾经在 QQ 空间里发过一句话:努力的最大红利之一,就是曾经的偶像会一个接一个地变成你的微信好友。

是的,我加了很多偶像。

当那些经常刷爆公共话语圈的人在我的微信里,弹出一个对话框:我通过了你的好友验证请求,现在我们可以开始聊天了……那种猝不及防的激动,能让你忽然间语无伦次。

仿佛整个世界,都在慢慢地靠近。

仿佛人生巅峰,一个劈叉,就可抵达。

但后来我发现,有毛用啊?

我依然是那个宇宙超级霹雳无敌大弱鸡,我称第二无人称第一的大逊咖,他们不会和我说半句话,不会为我点赞或评论,不会鸟我年终奖发了 3888 元,公众号涨了 38 个粉丝,过年胖了 3 斤 8 两。

根本不在一个段位,沟通与交流就不会发生。情感也就当然不存在。

我依然是我。

偶像依然是偶像。

有一回,我壮了壮胆,问一个人:男神,我下月去北京,可不可以去看你?

1 分钟,没理。

2分钟，没理。

……

38 789 786 575 346 535 789 532 567 754 分钟，依然没理。

我就这样像透明人一般，被直接无视了。

什么叫咫尺天涯，什么叫可遇而不可求，什么叫最熟悉的陌生人，什么叫"不动声色地让你明白自己的斤两"，我瞬间明白了。

但我会把他拉黑吗？当然不会。

因为，1.能加到男神已经不容易了。

2.虽然今天本姑娘确实处于金字塔的倒数第18层，但我想，总有一天，我会跃出地面，不再爬行，像个人一样直立行走，那时候，也许男神就会看我一眼，然后与我合作某个项目，走向双赢。

那么，留着为了未来的合作呗！

想到这里，我就大慈大悲地把这事过了。

当然，直到今天，我依然和他没有任何瓜葛。但，微信的实质已然突显：它不再是熟人圈，而是合作圈，即人脉圈。

大家基于潜在的、未来的、可能的利益，聚在一起，看能不能从中找到合适的伙伴，来达成一桩合作。

暂时没有，但不代表未来没有，留着呗，或许人脉就在明天变现。

举个例子。

一个销售员,加了一个老板的微信,表面上看,是想交朋友,但实际上,是期望未来某一天，老板能带来大单，或帮他介绍到大单。

抑或自己创业时，能通过他，筹到一笔创业基金。

而他加了另一个销售员的微信，潜意识里，也是想通过互相打探，了解行业信息，看他能赚多少，玩什么项目，人靠不靠谱，未来，有没有机会合作。

他加了一个女人的微信，最初的时候，以为有性的好处可图。不在当下，即在未来。后来他发现绝无可能，就死了心，定死为"朋友"。

而那些只能闲聊，无半点利益可图的，往往一言不合，当即拉黑，甚至未有过一言，就已拉黑。

这种现象我们都再熟悉不过。

甚至，正在阅读此文的你，也因为类似原因，加了大量鸡肋式好友，以为是人脉伏笔，未来的某一天，就可以揭开一个光明的悬念。

悬念能否揭开，是另一个问题。

暂不讨论。

我们继续讨论，微信的关系本质。

在早期，它确实是一个熟人与熟人的交流工具。

但后来，当我们拇指一点，就可以添加一个好友，心情不爽，就可以拉黑几个好友时……它的朋友圈，已不足以称为朋友圈。

它的好友，也不足以称为好友。

交友的门槛低，必导致"好友"的关系浅。

断交的代价低，必导致双方投入的情感少而廉价。

因此，其中的大多数人，都只能说是一种合作关系，或准合作关系，而非亲友关系。

我们在其中，更大的意图，是寻找可能的利，而非可能的情。

前天，一个小姑娘问我，为什么她加了那么多人的微信，却从来找不到人聊天？

原因很简单。

没有共同的利益基础打底，没有相似的价值观扶持，微信好友就只是微信上的"好友"，是一个 App 上晃荡的数字，是一串朋友圈沸腾的符号，终究无法入心。

真正的朋友，一直在微信之外。

他是活生生的人。

即使你卸了微信，卸了 QQ，卸了微博，他还是在那里。

从不因一个平台的消失而消失，也不因一个 App 的热闹而热闹。

他永远是他。

在寂寞清夜寒时，他是体己人，你可以给他打电话，聊为人所知的现实和不为人知的心事；

在树倒猢狲散时，他是守护者，不离不弃，站在你的身边，给予你力所能及的帮助；

在你春风得意马蹄疾时，他是见证者，把酒言欢，青春做伴，一日看尽长安花。

这才是真正值得珍惜的朋友。

这样的朋友，不仅是彼此生命的互助方，也是彼此生命的参与者。

他带着属于"我们"的共同细节，共同体验，像刺青一样，像打点滴一样，渗入我们的生命，成为我们的一部分。

古往今来，交友莫不如此：

以利相交，利尽则散；

以势相交，势去则倾；

以权相交，权失则弃；

以平台相交，平台冷落则疏离；

唯有以真心相交，方能成其久远，方可配得上"朋友"二字。

最后想说，微信中也有好友，比如我们家可二，就在我的微信中，但大家的情谊，早在平台之外发生，而非通过微信开始。如果交往模式是后者，结识至交的想法很可能会落空，毕竟，朋友圈已非朋友圈。

那个谁谁谁
在骂你

我一直觉得，真正做人，就应该像我朋友可二那样，孰可为，孰不可为，拎得清清楚楚。

比如说，一个我们共同认识的人，发生了一些不太光彩的事，我虽然感兴趣，撒娇卖萌求他说，他也不会轻易告诉我。除非，那些事情可能波及于我，如不说，我可能会上当或受害，届时遭了暗算，受了偷袭，就不太好了。于是告知大概，让我提防这个人，小心某些事。

同样，一些流言蜚语，背后中伤，他也不会轻易说，除非他觉得，这些批评的确有价值。

在这样一个骂人零成本，诽谤不加罪的年代，诋毁与羞辱，总是生生不息，无处不在。

所以，不是所有的差评，我们都要一一听；

不是所有的中伤，我们都要一一去经受。

人心叵测，明亮的、阴暗的、良善的、歹毒的都有。

我们必须学会爱，也必须学会防。

我们对人有善意，对世界有信心，但不表示要像一个傻瓜一样，任何迎头泼下的脏话，都要强颜欢笑地去消化，一边听，还一边说："哎哟，不错哦，良药苦口利于病，忠言逆耳利于行！"

我勒个去，这不是找虐吗？

我曾经有一个微信好友，特别喜欢干这事。大家对我的认可，他视而不见。但只要哪里有人黑我，哪旮旯有人骂我，马上截图给我看。不仅截图，还把骂得最难听的话，画上红框，加上横线，发给我。

但我根本无法回应。

对方在暗，我在明，对方匿名，我赤裸裸戳着。而且，别人执意要黑你，你就算什么也不做，只是活着，也是大错特错。你只有对着那些脏话，独自委屈、愤怒、自我怀疑，然后，一个人，用或短或长的时间，消化这些负面情绪。

我不是花剌子模国王，不是听不得坏消息，而是我明显看到：脏话里只有情绪，没有内容。他的举动里没有善意，只有幸灾乐祸。

他发第一次时，我忍了。

第二次，我忍了。

第三次，我拉黑了。

真正的朋友，从不会干这种事情。如果你们的友情是真的，相惜相知也是真的，那么，他就不会把毒矢暗箭一一接住，再一一转射给你。如果他足够真诚，足够理性，就会在听到对你的羞辱时，一一分析：

1.转达这些咒骂，是会给他带来益处，还是害处？

即，这些话，靠谱吗？有多少含金量？他，真，的，必，须，听，到，吗？如果不必，说来干吗！

2.他有没有能力处理这件事？

即，有没有时间、能力和必要回应，如果没有，就是一种损耗，而不是助益。是一种徒增烦恼，而不是兼听则明。

明白了这些，你还告诉他，你就该反思自己：这是不是在曲径通幽地，表达你对"相对剥夺"的不满，或者满足潜意识中的"看热闹"情结？

3.不告诉他的话，会不会产生后患？

即，人渣有没有可能继续伤害他，并且，有没有可能伤害得到他？

如果有，尽早告知，做好防备，矛啊盾啊枪啊箭啊什么的，让他都准备起来，该布阵，就一起布阵；该挖战壕，那就一起挖战壕；该设陷阱，那就一起设陷阱……以便伤害来临时，让他的痛苦最小化。

如果没有，闭嘴。

4.他是否通过自省，已经察觉到自身的不足？

人无完人，皆有瑕疵。如果他知道自己的毛病，并且正在竭力改善，你再说，也就多余了。人贵有知，也贵有度。

5. 他真的有必要改变吗？

我们之所以批评，不过是想让他人更完美。但是，世界参差多态，人人各具特色，如果未逾越底线、伤人伤己，是否真的要按照流言，活成另一番模样？如果不是，就别告诉他了。

马克·吐温有句名言，我一直深深地记得："你的敌人和朋友携手合作，才能伤你的心。"敌人大肆诽谤你，朋友赶忙传给你听。这样的朋友，不是真朋友。

真朋友会尽他最大可能，设置一个屏障，帮你抵挡无意义的伤害。

即使做不到，也会保持沉默。至少，不会大开城门，对本可规避的伤害躬着腰，伸着手，说"您好，欢迎光临"，然后，任由它长驱直入，畅行无阻，直击你的内心。

《破产姐妹》里的 Max，面对他人对 Caroline 的中伤，拍案而起，说："她不是你说的这样……"

《失恋 33 天》里，黄小仙看见闺密和人吵架，掀了桌子，上去就跟人打，跟个泼妇没什么两样……

宁财神被黑得遮天蔽日时，和菜头站起来，替他说话。"知道'难过'这个字眼是什么意思吗？就是心里梗得厉害，但是死活说不出一句话来……"然后，用 50 元买了他的微博账号，帮他"洗粉"。

也许我们做不到，像 Max、黄小仙、和菜头一样给力，但至少，应该认清朋友的定义：朋友就是智慧上互相角力、情感上互相支撑、路途上互相护佑，以最大力量，让对方最大限度免于受害的人。面对他，我们会卸下心防，脱掉盔甲，呈现隐藏最深的脆弱。

脆弱意味着信任，也意味着不堪一击。

因此，朋友的倒戈最伤人。

同样，朋友成为恶语传声筒、污言扩音器，也是生命无法承受之轻。因为，转达伤害的人，亦会成为伤害。

非好话，非净言，非慧语，非良辞，非善论，净是羞辱的、恶意的、情绪化的脏话，就别转给朋友听了。我们都知道对朋友毒舌不好。但比之毒舌，转达"别人"的恶评，杀伤力强大千万倍。

前几天翻《王蒙的21条人际准则》的，其中第一条就是：不要相信那些动辄汇报谁谁在骂你的人。

为什么不相信？

因为他无真心。

你很有深度，
但没有温度

先设置一个情境。

你去跳了一场舞，或者唱了一次歌，回来之后，很开心，觉得肢体非常灵动，生命充满喜悦。

回来后，你遇见一个人，他问你："去干吗啦？"

你说："去跳舞啦，好爽啊！"

他板着脸，长长地嗯了一声，说："跳舞有益身心健康，能锻炼骨骼，延缓衰老，还能促进血液循环，让心情愉快，是一种值得提倡的行为，你以后要多跳跳！"

你会不会觉得立刻热情下降，变得索然无味。

但你又觉得，一定是自己太小气了，才会心生不适。毕竟，人家是正确的。又正确又理智，每一个标点符号，都有着毋庸置疑的气质，你觉得自己讨厌他，实在是没理由。

可你不知道为什么，就是不想靠近这种人。

问题到底出在哪儿呢？

是的，不在你身上。

在这种沟通方式上——超理智是一种令人讨厌的行为。

我有一个学识很渊博很渊博很渊博的朋友（真朋友，除可二之外的另一奇葩存在。请注意，我用了三个渊博，而且都用了很，可见有多吓人），不管遇到什么问题，去问他，他能跟你说上整整三小时，如果你质疑，那就完了，能说上三天……无论问题有多小，他都能引经据典、深文周纳，扯到古今中外、诗词歌赋、人文历史、宗教哲学、风土人情、民间传说……

你会感觉，你就那么随便一问，他就随便那么一说，世界文明史都说完了。

所以，千万别和他吵架，因为，那就是在跟《大英百科全书》为敌。

敌得过吗？不可能的。

人家一竖中指，千军万马的大哲先知立刻诈尸，集体奔腾而来，用各种理论，将你虐得稀碎。

你就会戳在那里，一句话都说不出，满脸通红，立地变屄，灰溜溜逃命去了！

然后就不太想和他聊天了。

开始我一直以为是自己太无知——虽然这是大写的事实——配不上

和大师对谈，后来发现，不对呀，即使我不和他撕，也并不太想靠近他呀。

那，因为记仇？

非也非也。

相信我，因为提及他，此刻我的胸膛，正不自觉地荡漾着一股浓浓的柔情。

那到底是为什么呢？为什么呢？为什么呢？

直到有一次，我们一帮人去爬山。

车行山巅，路边绿意渐浓，白鸟掠动，美得令人直想撒野。

众人皆疯了，大叫："真他妈的美啊！"

"山啊，好高。树啊，好绿。我啊，好爽！"

"太高了，感觉一伸手，就能撩到嫦娥了！"

…………

大师同学坐在后座，冷冷地来了一句："这个山脉的主峰海拔是1583米，我们现在的位置，大概是海拔1300米，和这个省的另一座山，也就是海拔3100多米的神农架相比，这只能说一般高，不能称之为太高。"

满车谈兴立刻降至冰点。

但没有人敢反驳他。

因为没人挑得出错误。

只有我仗着年轻貌美（是的，你猜对了，我在说谎），壮着胆黑他："大师真是有一种讨厌的深刻！"

众人齐又欢腾起来，话茬儿又起，哈哈笑着说："周冲真是心直口快，哈哈哈哈哈……"

笑完以后，有人接："其实，大师有一种超理智人格！"

这是萨提亚心理学里的一个概念。

即，忽视他人和自己，只在意情境，非常坚持原则，固执、强迫症、客观且不谈感情。

拥有这种人格的人，会让我们很敬佩，很欣赏，很想给他上一炷香，早晚行礼，昼夜叩拜。

但是，你无法与之相爱。

因为他们极少关注自己和他人真实的感受。

他们零情绪，或很少有情绪，言语之中，多是干硬的理论和数据，虽然充满了智慧和权威，但真的会让普通人窒息。

一个人，与另一个人建立联结，需要的是：让真实的"我"，与真实的"你"，在真正的情境中，互相看见。

在这个过程中，不做评判，不下定义，不指责别人，不逃避问题，不狂飙道理，达成一致性沟通。

在这种沟通中，你、我、情境，就会得到应有的关注和尊重，情感才会流动，爱才能自由。

因此，萨提亚心理学将你、我、情境，定为沟通三要素，缺一不可。

如果只有我，没有你，是指责；

如果只有你，没有我，是讨好；

如果只有情境，没有我也没有你，是超理智。

以上种种，都容易让人不舒服，都会阻碍我们走向对方。

比如，指责者说"你怎么老是这样？"你会很抗拒。

讨好者说"你觉得应该怎么样？我都听你的"，你会很累。

超理智者说"像这种情况，可能有这些原因，才导致这种结果，你应该如何如何，才会如何如何，否则又会如何如何……"你会很想逃离。

《黑白星球》有期节目，有人说自己的前任很奇葩。

奇葩在哪儿呢？

他给对方发短信，吐槽生活中的小事，结果对方回应了一串大道理。

他受不了，觉得在跟初中班主任谈恋爱。

还有个女孩，也曾遇见一个说教成癖的人，重则 ABCD，轻则 1234，自以为高深，但令她忍无可忍。

很多中国式父母，也热爱这种超理智沟通范儿。

板着脸，叉着腰，毫无感情的正确，只关心事情合不合规则，却不注意自己和孩子的感受，长此以往，很容易让孩子产生强迫性心理、僵化不动、社交退缩等心理效应。

这种以正确为唯一准则的人，往往会丢失快乐。

因为发不出感情，也接收不到感情，活在爱的真空中，空虚与隔绝自会前来，让他与整个世界渐行渐远，最后，变成一具正确的僵尸。

当然，任何事有利也有弊，超理智者也非一无是处。

这种类型的人中有一小部分，成了公认的天才。比如爱因斯坦、卡夫卡、汉娜·阿伦特，还有我们家大师——虽然大师轴得吓人，但我不得不承认，他是我见过的男人里，最靠谱、最多知、最纯粹的一个。

但大部分人都不是理智的天才，而是理智的木头。

所以呢，如果你自认是爱因斯坦第二，那就不顾一切地去理智。

但如果你只是一个凡人，过着平淡的生活，渴望庸常的幸福。我想，还是应该笨拙一点，天真一点，学着与人相处时，少用脑袋去评判，多用心去感知，感知自己，感知他人，然后表达你的真情实感，由之乎者也，条条框框，改为"周冲，我很喜欢你……"

拉黑要果断，
绝交要趁早

H是一个爱交朋友的人。

和大多数人一样，他的理念也是多个朋友多条路，少个朋友少座桥。于是，他基本不加过滤和选择地交友。微信好友多达数千人，天天有饭局，夜夜有场子，热热闹闹，看起来很风光。

这当然没什么可置喙的。但问题在于，他对朋友太在乎了，有求必应，招之即来，每一个都要照顾到。

这种在乎，最终把自己套了进去。

从2014年开始，有几个朋友天天约他打牌。一开始赌得小，后来越赌越大。他怕得罪人，伤害了朋友之间的感情，一次次地应允和赴约。如此几回，不用那些朋友叫，他也主动组局。因为输得太多，他想扳本，却不承想，将自己推入更深的深渊。

那一年，他输了一百多万。其中有几十万元是借的高利贷，每年光还利息都让家人喘不过气来。如此，也造成了家庭内部矛盾。

后来我们聊天，他告诉我："我算是懂了，有些人啊，如果看清了他，就要早点断交，要不然，他会害死你……你一定要把我的故事写出来，让更多人警醒。"

我答应了他，并说了一句，懂得绝交，比懂得交往更重要。

还有一个人，是一个女生，结局更加悲惨。

有一年，她参加了一个饭局，因为是小地方，很多人抬头不见低头见，所以都是朋友，或朋友的朋友，觥筹交错中，彼此有了一种虚幻的亲近。

后来，大家组了一个微信群，有事没事聚一聚，喝喝酒，唱唱歌，打打麻将。

就这样，她认识了J。

J在相识之初，就露出令人嫌恶的品质，比如邋遢、暴躁、好色。他在群里撩拨她，叫她老婆，在饭局上大开黄色玩笑，在KTV与她相邻而坐时动手动脚，搭肩、搂腰、摸屁股……

但她想，都是朋友，能忍就忍吧，撕破脸，谁都不好看，毕竟我们都在一个朋友圈里。

有一回，她喝了不少酒，他自告奋勇送她，然后，在车上睡了她。事后，他殷勤地示好，不停地承诺，她虽感到愤怒和羞耻，但觉回天乏术，便破罐子破摔，继续秘密地和他上床，索取其他人给不了的安慰。直到后来，她听说他有家庭，妻子在另一个城市，她被小三了。

再后来，就是我们能想到的狗血情节，怀孕、流产、撕 ×、公开羞辱、失业、被抛弃、众叛亲离、自杀未遂、痛苦得不能自已。然而，一切都无可挽回。

我们一直以为，想要维系友谊，退让与妥协必不可少，哪怕这种友谊是劣质的、变味的、带有危险信号的，也不想失了风度，继续隐忍地周旋下去。然而，有风度不是没底线，大肚量不是无原则。作为一个成熟的成年人，对友情的品质，必须有所分辨和抉择。

真正的友谊，应该真诚以对；败坏的友谊，早绝交，早超生。

荀子说得好："人虽有性质美而心辩知，必将求贤师而事之，择良友而友之。"

恶友、佞友、损友、酒肉朋友呢？

这些物种，往往貌似亲密、畏服、敬顺，常进美言媚语，令你放松警惕。然，实则别有所图，或先予后夺，或于少望多，或为利故亲。若有危难，便会翻脸舍离，乃至落井下石，不如早日 Say Goodbye。

当然，并非所有人都像 H 和那个女生一样，被朋友害得家破人亡，但我们每个人，都遇见过来自"朋友"的伤害、诋毁、利用、出卖和欺骗。

当我们站在水落石出的结局里，怒火不可遏制时，应该认清一个事实：其实，早在很久以前，我们就觉察出了危险。

比如，一个骗取你钱财的朋友，早在起初，我们就见识过他的无信无德；

一个在背后诋毁你的朋友，也早就在你面前诋毁过其他人。

但我们放任自流，甚至同流合污，以默许来鼓励，以溺爱为他大开绿灯，那，当他将我们推入绝境，难以翻身的时候，我们就不要后悔。

爱情宁缺毋滥，朋友亦如是。因为这两者，都会对我们的生命影响至深。

遇良人，以心交；

遇人渣，早绝交。

这不是不讲情面，而是懂得分寸，勇于取舍。

基督以仁爱为怀，仍颁摩西十诫；佛祖以容忍为念，仍立天龙八部。无规矩不成方圆，无底线难分是非，一味接纳，毫无原则，只是一种低智和懦弱。

心理学家曾统计过，人这一生，大概能交到的真正的朋友是 5.8 个。是的，5.8 个。何其稀少，何其珍贵。你就忍心让人渣把名额全占了，然后没有真朋友的容身之所？

我相信，每个人的回答都是否定的。那么，是时候清理你的朋友圈了。

你对外人百般呵护，
对家人万分刻薄

印象中有一次，因为极度崩溃，一位朋友来安慰我。先前是在茶馆，后来，依然无法平复，她说："你跟我回家吧！"

她是公认的好人，言谈让人如沐春风，举止恰到好处。社交圈里，赚人好感。工作场上，赢人信任。

我于是跟她走了。心凉如许，自然而然地，想在温暖的人身旁再多待一会儿。

到了她家，她母亲在做饭，父亲坐在沙发上看电视。我打过招呼，和她一起进了房间，继续说女生间的私密话。

后来，她出去，不知怎的，就听见她的吼叫："叫你不要买茄子，还要买，聋了是吗……"那种克制不住的狂躁，隔着几堵墙，依然尖锐地穿了过来。

我吃了一惊。

在我的认知里，她与任何负面情绪都互相绝缘，菩萨般恩慈悲悯，从未有这样攻击性爆棚的时候。

可是，当她推门进来，见了我，重又言笑晏晏，俯仰唯唯，一如解语花。

那天晚上，又发生了几次小纠纷，父母辩白几句，她又大发雷霆。我知道她已经克制，但不知怎的，就是克制不了。晚饭后，我便告辞了。

我无力指责什么。

因为，天下有许多人，都是这样的。

这是在鲁院时，路遥的发小——白描老师在课上讲的细节：

在路遥心里，一直有一种强烈的愿望，就是要拯救黎民于水火，改变陕北农民的命运。他胸怀天下，悲天悯人，宛若父亲对子女，上苍对众生。这种责任感和悲悯情结，在他的作品中，处处均有体现。

但他也是一个冷酷的丈夫和父亲。

有一回，他老婆扛着煤气罐上五楼，他坐在一楼，神情漠然地看着她艰难爬行，几步一歇，却一动不动。

而可二，也讲过一个大V的事。大V在人权领域一直在发声和呐喊。所言所行，堪称士，为无数人折服。

但是，在家中，他却转换嘴脸，变身为暴君，对妻子儿女家暴。

一边忧国忧民，一边冷漠残酷。

一边民主自由，一边独裁专断。

一边母乳天下，一边攻击至亲。

你无法说，这样的人是好人，还是坏人。我只能说，可怜了他们的家人。

为什么我们会这样分裂、里外不一，如此谦和又如此暴躁呢？

1. 出于安全心理

人类千万年的生存，早已形成一种潜意识。

千万种善意，不会让我们免于伤害。

但只要有一点恶意，就足以带来危机。

出于趋利避害的本能，我们走出家门后，就会谨慎处世，妥帖做人，将自己弄得完美无缺，以防止暗箭来袭。

但在家里就没有这样的顾虑。父母永不会害你，兄弟姐妹永不会伤你。于是，你可以为所欲为。

2. 对家人发泄，零成本，无代价，没有后顾之忧

亲情是最好的保护伞，也是最好的避罪地。

我们对着父母大吼大叫，永远不会被真正责罚。

所以，一个不成熟的人，就选择虐待最爱你的人，来发泄心中的怨气与怒气。

3. 态度有啥用，物质最重要

一种很普及的观点是：爱算什么，钱才给力。

于是，你以为，给钱让父母买补品，补他们的身，就可以扯平，你利用恶言恶语，来伤父母的心。

问题是，你买再多的补品，这心，还是碎的。

扯得平吗？扯不平的。

究其根本，爱的流动，不是源于金钱往来，而是源于"你"和"我"的互动。

4. 一生还长，有的是弥补的机会

我们以为，现在对父母狠，将来，有的是机会来赎罪。

其实，这也是个伪观念。

一名叫博朗尼·迈尔的临终关怀护士，总结了生命走到尽头时，人们最后悔的五件事情。

其中，"没有勇气过自己真正想要的生活"排名第一。

而"花过多精力在工作上，错过了关注孩子成长的乐趣，错过了爱人温暖的陪伴，错过了向家人认错"，则位居第二。

人这一生，很长，也很短。

许多时候，我们以为遥遥无期，一转眼，就是永生不见。

珍惜时光，分清内外，不把外人当家人，不把家人当敌人，才是让"养怡之福，可得永年"的不二王道。

多年前，我与父母的关系，也是极其紧张。和文初的朋友、路遥、大V，以及天下的许多人都一样，也曾怨恨，也曾剑拔弩张，对他们的劣迹与缺点零容忍。于是，父亲和我冷战，母亲曾因我暗自抹泪，妹妹曾与我互相侮辱。

如今想起，心中戚戚。

就像那句话所说："我们一直保护的，是与己无关的人。我们一直伤害的，是深爱我们的人。"

后来，越成长就越自责：对家人玩命伤害的人，到底要坏到什么程度，蠢到什么程度，弱到什么程度？！

但凡有点心智、良知与教养，就不会如此低劣。

也许有人说，有时候家人让我们忍无可忍，实在忍不下去。诚然，并非每一种家庭，都合乎心意，但你可以最大限度地做到以下两点：

1. 免除未来的伤害

厘清界限，讲明道理。

2. 消解过去的伤害

宽宥宿怨，与家庭和解。

家庭是每个人成年后的子宫，是精神羊水的来源，是肉身成长的营养库。你和它，永远有着一根无形的脐带在联结，无从摆脱，也无从逃离。

倘若不接纳，强行从自身分裂出去，制造成异己，不再融为一体、有条不紊，那就会成为失序的根源。那么，那个新的异己因为自我的排斥，反过来对抗，变成敌人，与你终年对战，形成更大的失序。

怎么办？

唯有理解。

你要打开通道，去"懂"他们。让尊重、倾听、体恤——发生，从"我"

出发，进入"他们"的世界，体察家人言行的缘由，看清选择背后的苦衷，懂得这一切的发生。

理解之后，爱与宽宥就会到来。

人问耶稣："我兄弟得罪我，我一天原谅他的过失与冒犯 7 次，够不够？"

耶稣答："不够，你要原谅他 70 个 7 次。"

经历破碎冰凉，
陌生人却可能给你希望

2006 年，站在某个火车站，给他打电话。

哭了又哭。

我说了很多恨，也说了很多绝望，我说，生而无望，我想我可以不活了……

他说，这是你的事，我可没逼你！

撕心裂肺的疼，密不透风的痛苦，羞耻悲恸的命运，无可转圜的困窘。

那时候，天正下着瓢泼大雨，我一个人，背着包，一边走，一边哭……我想过撞上迎面而来的汽车，但终于还是没有，也想过更激烈的方式，还是没勇气，只是茫然地走，沉默地号啕。

不远处，有一片湖，在暴雨之下，变成凶狠的、混浊的、不怀好意的水域。我走过去，在岸边站了很久。太痛苦的时候，人是重的，你会寸步难行，会停在一个地方，像等着雪化一样，等着哀愁寸寸消融。

十多分钟以后，一把伞从侧后方，递到我的头顶。

（再次念起，依然泪奔，内心悲痛……）

低头一看，是一个小男孩，大概十岁的模样，瘦瘦的，脸黑黑的，不像富贵人家的孩子，衣着很普通。他抬着手臂，高高地举着那把伞，帮我遮住暴雨，而自己的大半个身子，却露在雨地中。

最让我心疼的，是他的眼睛，那么勇敢，又那么恐惧——是啊，他父母不在旁边，也不知道我是谁，只是见人对着湖痛哭，似有轻生念头，就犹疑着，将伞递了过来……

我的眼泪再一次汹涌而出。

我说："阿姨没事，你别淋湿了，你快回去……"

他没有说话，依然睁大眼睛，使劲地摇着头，似乎也要哭了……

一个孩子，当他途经一个大人浩荡的悲痛，他不会如我们一样，巧舌如簧地说："阿姨，你不要哭，我的伞给你打……"他会喘不过气来，会手足无措，会站在那里，睁着恐惧的眼睛，不停地摇着头。

我猜他应该是想告诉我："阿姨，不可以！"

或是："我好害怕！"

后来，我半蹲下来，把伞挪到他头上，不断地告诉他，阿姨遇见一些不开心的事，有点难过，你快回去吧，阿姨没事，你不要淋湿了……劝说很久，他才慢慢走开。

走了一阵，又停在远处，回过头来，犹犹豫豫地看着我……

那一刻，我对自己说：死什么呢？恶当然有，但冲着这些渺小的善，这个世界也值得我死乞白赖地活下去！

时至今日，我依然会被人谩骂羞辱，经历破碎悲凉。

也曾怨，也曾恨，也曾痛。

但只要我一想到那双眼睛，就能在按捺的疼痛里，容忍种种不好，宽恕或明或暗的袭击，原谅赫然而至的羞耻和悲恸。

而这些陌生的善意，其实还有很多。

2013 年，在大理，一个人租了一间小房子，开始没日没夜地写作。

没钱，怕自己饿死他乡，使劲克扣生活开支。

买了一个小电饭煲和几斤米，准备了一些水果和咸菜，日日喝粥，吃个苹果算打牙祭，出门去买一两卤猪头肉，想用来下饭，但控制不住地在路上就吃完了。

当时也不觉得苦，满心满肺的都是未完成的小说，未成文的观念。

中秋节那天，上午读书，下午写字，偶尔看了下手机，发现满屏的月饼，才知道，中秋节已经来了。

拉开百叶窗，苍山已经蒙上暮色。

暗云缱绻，中间一轮圆月，像一个 B 超图，天空的子宫中央，正孕育着明亮的、圆满的生命。

我想，中秋与我，又有什么关系呢？继续写吧……

这时候，有人敲门。

打开一看，是房东家的老人，递给我两个他们自己烙的月饼，还是热的，盘子一般大，馅儿是五仁和豆沙的。

老人说了些什么，我记不清了，只记得有生以来，第一次吃到热月饼。

那点香与热，从唇齿，到舌苔，一直传递入心，直至今日都未曾冷却。

还有一次在陌生的城市，坐出租车去看一个人，在车上，和司机聊那个人，下车时，他说："我也曾有一个女朋友，像你这样，后来被我弄丢了……"他免了我的单，留了电话，说需要帮忙时可以找他。

在旅途中，和一个人相识，得知我要去敦煌，他说，请帮我看一下常书鸿故居。

我说好。

那趟旅程，只有莫高窟才是目的，故居不在行程中，但我抽出时间，一个人特地去了一趟，屋里屋外，连带围墙外的杨树，以及苍老的看门人，都拍了相片，发给他：我帮你看了一眼，它很好，请不要担心！

这些好，与金钱无关，与性无染，只是一颗心与一颗心，去除了目的的温柔相待。

昨天读完保罗·奥斯特的《布鲁克林的荒唐事》，又被一些小细节感动到。

虽然这本书有些琐碎，有杂乱的生活，有错综复杂的情欲，很容易令人不喜，但是，书中也有软绵绵的温情。

比如，他提到的卡夫卡的一件逸事——

那是卡夫卡生命的最后一年，他和多拉刚刚迁到柏林。

每天下午，他们都会走出家门，到公园里散步。

有一天，遇见一个小女孩，站在路边哭。卡夫卡问她怎么了，她说玩偶不见了。他编了一个故事——

"你的玩具娃娃旅行去了！"卡夫卡说。

"你怎么知道？"她问。

"因为她给我写了一封信。"

小女孩不大相信。

"你带着信吗？"她问。

"没有，对不起，"他说，"我把信留在家里了，我做得不对，但明天我会带来。"

当晚，卡夫卡径直回家写信。和平时写作时一样，他认真到近乎紧张。他不是要骗那个小女孩。这是真正的文学创作，他要写一个美丽的故事，用以弥补小女孩的遗憾。

第二天，卡夫卡带着信赶去公园。

小女孩在等他。

由于她还不识字，他便把信大声念给她听。

信中说，玩具娃娃非常抱歉，因为所有的时间都跟同样的人生活在一起，她感到厌倦，她要走出去看看世界，交交新朋友。不是她不爱小女孩，而是她渴望换换风景，所以得分离一段时间。

然后，娃娃答应每天给女孩写一封信，让她知道自己所做的事情。

正身患重病的卡夫卡，从此每天都写一封信——不为别的，只为了要安慰这个小女孩，而他和她素不相识，只是一天下午在一个公园里偶然碰见了她——他连续写了三个星期的信。

三个星期。

他是最卓越的作家，生活中从不浪费时间——对他而言时间已经越来越少，因而显得更加珍贵——他却为一个丢失了玩偶的小女孩大费周章。

他每写一句，都为细节苦思冥想，其文笔明晰、有趣、引人入胜。

渐渐地，小女孩从信中知道，玩偶长大了，上学了，认识了别的人。她仍然爱着女孩，但也暗示说，生活中某些复杂因素，使她不能回家。

就这样，一点一点地，卡夫卡让小女孩做好心理准备，知道玩具娃娃不再回来。

最后，卡夫卡告诉小女孩，玩偶恋爱了。

他描述玩偶爱上的年轻人，她订了婚，在乡下举行了婚礼，她和丈夫住的房子非常漂亮，生了一个宝宝，长得很像她……

最后一行字，玩偶向她心爱的老朋友告别：

"再见，我的朋友，请幸福地生活，就像我们一样！"

至此，小女孩已不再担心。当她想起她时，内心充满了甜蜜和快乐，而不是恐惧和悲伤。

卡夫卡以善意、才华、想象力创造了一个童话,温暖了一个陌生人的童年,甚至整整一生。

许多人说,这个女孩,是多么有福啊。

能在故事之中,忘却世界的悲苦,忘却如水长逝的岁月里,那一场接一场的离散,一次接一次的背弃,一直幸福,一直爱。

但其实,我们也可以做到——不是索取,而是给予。

是的,生活固然充满遗憾,你也没有办法,让恶放下屠刀,立地成佛。但我们可以回到自身,清除恶念,心怀爱与感恩,变成一个横跨马路去帮助陌生人撑伞的孩子,变成在中秋夜送上月饼的老人,变成用童话挽救童心的卡夫卡……用慈悲的怜悯,医治人类最严重的病源:自私、贪婪、冷漠、残暴、剥削……如此,加尔各答才会成为爱之天堂,人间才会成为更温柔的乐土。

特蕾莎说:"我在每一个人身上看见了耶稣!"

我更喜欢
努力的自己

05

真正的教育

就是拼爹

父母皆祸害

真正的教育就是拼爹

对孩子，就得溺爱

不想孩子仇恨你一生，你只需做到这两点

爸爸不听妈妈的话，妈妈的话就会去到孩子的耳朵里

你什么时候才能不对孩子撒谎

当一个家庭病了，孩子才会有各种问题

父母
皆祸害

刘瑜的孩子出生以后，她写了著名的《愿你慢慢长大》，柔情缱绻，极其动人，几欲催人泪下。

而我除了感动，阅读后最大的感触是，一份理智的爱，表现在行动上，就是四个字——给你自由。

在两性中，是如此；

在亲子中，更是如此。

我接受你的样子，也接受你将来的样子。

不会要你成为人中龙凤，也不会要你成为天之骄子，你只需听任内心的召唤，一路前行，一路试错，也一路抗争，体验命运给予的一切，成就你的身份，成为你自己。

这一路上的你，无论什么时候，都是我最爱的人。

无论你有何等荣耀，或遭遇何等失败，都是我的孩子，我此生最牵挂的宝贝。

我爱你，不是因为你聪明、漂亮、可爱。

我爱你，是因为你是你。

这才是一个正常的父母，应该有的心态。

但可惜，中国父母大都不太正常，太蛮横了，并且蛮横得毫不自知。

在"我是你老子"的权威意识和报恩观念下，父母毫不犹疑地，剥夺孩子的自由，摧毁他的尊严。

而且，把所有未竟的梦想、未酬的壮志、未了的心愿，都放在幼弱的孩子身上，让他负重前行，一路攀爬，自己挥鞭催促，逼着他出人头地。

出你妹的头地!

出你大爷的头地!

这是真正的无敌大废物，自己没本事，尿得跟个倭瓜一样，弱得跟只鸡一样，什么都做不了，只有在岁月里认输。

但心有不甘。

怎么办?

把矛头对准孩子，逼着孩子帮你做。

但孩子不是你追梦的工具，也不是你逆袭的法宝，他只是一个柔软的、小小的、无辜的孩子，渴望爱，渴望你的陪伴，可你逼逼逼，把他逼得人不像人，鬼不像鬼，隔阂与仇恨慢慢酿成，到了他有能力说"不"时，必然逆反和抗争，你不答应了，又跑出来，大叫："现在孩子太不懂事了，一点都不懂尊重父母……"

但你何曾尊重过他？

你何曾温柔地、充满爱地、把他当个人地与之相处，给予他支持？！

你没有。

你暴喝，你命令，你恐吓，你威胁，你施暴，你漠视，你控制，你打压，你羞辱，你偷窥，你监控，你当众嘲弄，你不把他当人，你一直强调自己的牺牲，让他生出罪恶感，你没有商量的余地，你是绝对的权威，你是霸王，也是魔王，你让他自卑、抑郁，觉得自己一无是处，逐渐丧失对生活的信心，你把这些恶事，一遍遍地对着你的孩子做，你算是什么父母？！你有何颜面说爱？！

人世间的一切因缘，都在彼此轮回。

昔日你待我，冰刀霜剑严相逼，明日我便还，秋风扫叶，北风扬雪，漠然以对你的暮年。

这不，后来孩子长大了，一如所料，变成焦虑的、不快乐的、一事无成的大人，开始以同样的方式，反过来对待你们和自己的孩子。

比如，他给你们钱和物，但不陪伴、不交流，没有精神上的敬重和感情上的安慰。

因为当年，你们就是这样做的：给吃、给穿、给零花钱，但没有温柔的相伴。

这让每个孩子以为，这就是爱的方式：爱等于物质，爱不等于陪伴和安慰。于是，以同样的方式，反馈给父母。

再比如，他会对你们大吼大叫，怨声载道，粗暴蛮横。

因为这也是当年，你们对待他的方式。

成绩不好时、出了错时、被其他人欺负然后反击与别人大打出手时，你们毫无安慰和保护，取而代之的，是情绪的暴怒和言语的凌辱，甚至，不分青红皂白地暴打。

是你们教会了他，亲人之间，没有温柔，没有和颜悦色，只有不克制的脾气和伤害。

还有，他从不会对你们说"我爱你"，因为，你们从不曾对他说过。

他不喜欢上进，也是因为你们从小对他们说，"你要是出人头地，对我们就是最大的安慰"，也就是说，在潜意识里，优秀是为了讨好他人，努力是为了取悦父母。

生命失去了自主和自由，成了一种寄生，必然缺乏主观能动性，去为自己突破局限，赢得更幸福的人生。

一个孩子，被涂抹成什么样，大多在于父母。

后天的教育，会改变一些认知。

但是，潜意识里的东西，往往无法动摇。在每一个情绪冲动、重大决定时，我们用以反应的，仍是原生家庭教会我们的东西。

更可怕的是，他也会这样对待自己的孩子，成为一种恶性的代际传承。

研究心理学的人，都会知道。任何一种心理疾病，追根溯源，都是童年时的创伤。

童年时缺爱，被伤害，受虐，没有安全感，缺乏尊严……长大以后，就会演变成自闭、抑郁、自杀、暴力倾向、焦虑症等。

所以，我们每个人，都是症状不一的病人。

但神奇的是，许多精神病女患者，在生了孩子之后，尤其是女儿，精神状况好了很多，因为她通过折磨孩子，得以宣泄。

而孩子替她疯了。

悲剧就这样延续下去。

它涵盖了所有人，你和我，以及他和她，以及我们曾经听说，或永不会听说的可怜人。大家都在这种日常里，浑然不觉地熬了下去。

我们不觉得有错。

不觉得哪里不妥。

甚至替暴力说话，"当年父母对我特严酷，但等到我成了母亲，就理解了他们！"

这种话，看似通情达理，但它的实质，却令人毛骨悚然。

大多数人的"理解"，不是出于共情，不是一种对辛苦的体恤，不是一种类似佛家的众生皆苦式的悲悯，而是合理化自己现在的施虐。

我打了孩子，骂了孩子，把气撒在了孩子身上，想到我的父母亲，也是这样做的，于是心安理得。

暴力正在轮回，恶行正在传承。

此时此刻，对，就是此时此刻，我们所有人，都站在这种环形轨迹中。

往回看，是父母的恶言恶行；

往后看，是自己的恶言恶行。

谁能帮忙脱离或打破？只有我们自己。

你要有非常强大的自省能力，反思自己的行为，有哪些纰漏，有哪些漏洞，有哪些问题，然后像一个孩子一样，去认错，去修正。

这是一个无声、琐碎又漫长的过程。

这个过程，不会有立竿见影的奇迹，也不需要恍然大悟、灵光一现、掷地有声的笃定理论，你要犹疑一点，缓慢一点，敬畏一点，蹲下身来，和孩子一起，重回童年，重新成长。这样，轮回方可斩断，西西弗斯的巨石，才有可能，不会一直滚落。

龙应台说，孩子，你慢慢来！

我们，也慢慢来！

真正的教育
就是拼爹

多年前看过一篇文章。

讲作者到一个朋友家里，看到朋友的孩子非常喜欢读书，不仅喜欢童话与故事，连一本工具书，也读得津津有味。

他很讶异，问那对父母是如何培养的。

怎么培养的呢？

根本没有培养。

父亲是学者，母亲是作家，两人又相爱，家里藏书又多。

客厅、书房、卧室、儿童房、厕所，随处可见父亲喜欢的历史哲学宗教，母亲热爱的社科文学艺术，孩子痴迷的绘本寓言童话……只要你想读，随手就能拿到自己喜欢的读物。

没事的时候，全家人就聚在一起读书。

　　夜色温柔，灯光缱绻，大家都沉浸于各自的人文世界，读到欢喜处，就一起聊一聊。

　　"哈哈哈，孙悟空好好笑啊……"

　　"怎么好笑呢，说来听听吧！"

　　也玩角色扮演，结局改编，或者写三个人的故事，妙趣横生，令人忍俊不禁。

　　这一切都没有刻意而为之，父母热爱，孩子喜欢，自然不抗拒，做得开开心心。

　　孩子从一出生，就在这种氛围中长大，自然，在他看来，读书是和吃饭、呼吸一样再正常不过的事情。

　　这件事让我很触动。

　　它使我想到：真正的教育，从来不是点石成金、立地成佛的技巧，而是一段春风化雨、自然无为的过程。

　　就像一棵树摇动另一棵树，一朵云推动另一朵云，一个灵魂唤醒另一个灵魂。它没有声响，它只是让走在前面的人，做好自己的事，走好自己的路，然后，任由改变自然发生。

　　前行者如何，跟从者也会如何。

　　长者如何，晚辈也会如何。

　　这就是拼爹了。

　　但教育语境下的拼爹，不是王思聪有个老爹叫王健林式的遗传，也不是葛优有个父亲叫葛存壮式的继承……

这种拼，只是权力、金钱、资源的世袭，与我所说的拼，没有什么关系。

真正的拼爹，是比拼父母的观念，以及生活方式、思维方式、处世方式。

离开体制以前，我从事了多年教育工作。

和学生及家长打交道越多，就越发现：孩子就是家庭的缩影，教育就是拼爹拼妈。

一个优秀的孩子，其背后的家庭，一定充满尊重、书香与爱，父母不说博古通今，但一定通情达理。

相反，一个问题学生，他所置身的原生家庭，则一定也充满问题，比如缺爱，不平等，不自由，父母普遍文化层次不高，观念落后，视野狭隘，并且多有暴力行为。

我曾经写过一篇文章，叫《不良少女杨纸》。杨纸的原型，是我的一个学生，追求班主任、自杀、未满 14 岁与 6 个男人上过床……

一了解，得知她幼年时被父亲抛弃，母亲酗酒、抽烟、无业，靠做别人二奶生活，她一直与奶奶待在一起，不被爱，最常听见的一句话是："你怎么不去死呢？只要不死在家里我就无所谓……"

这样的父母，带给孩子的影响可想而知。

2015 年的时候，我回老家，再一次见到她，已经辍了学，小太妹打扮，出口成"脏"，见到过往的老男人，嬉皮笑脸地说："嗨，帅哥，一起玩玩啊！"

我请她吃饭，席间，她说自己怀了孕，是一个网友的，犹豫着要不要生下来。

"你今年几岁了？"我问她。

"15岁。"

她母亲也是知道的，只是羞辱，只是殴打，并没有给予她妥善的帮助。

我当时想，这孩子，怕是注定要被边缘化了。

英国有部纪录片，叫《56 UP》。

导演选择了14个不同阶层的孩子，进行跟踪拍摄，每7年记录一次，从7岁开始，14岁，21岁，28岁，35岁，42岁，49岁，一直到56岁。

在短短的100多分钟里，14个人的真实一生就过完了。

这部纪录片看得令人非常难受。

因为，它是尖锐的、令人不喜的现实，忽然噗的一声，戳破鸡汤、励志、幻想的薄衣，不由分说地扎到眼前来。告诉我们14个字：

龙生龙，凤生凤，老鼠的儿子会打洞。

在电影里，60年一晃而过，到后来，精英的孩子，依然是精英。穷人的孩子，依然是穷人。

阶层固化，流动困难。这种僵局的产生，到底源于什么？

有一个总结非常棒，它是这么说的：其实，除了硬实力（资源）的分配不均，更关键的，是软实力（观念）的高低不一。

秉持不同观念的人，自然拥有不同的视野，匹配不同的行动，支付不同的代价，导致不同的结局。

天才是不存在的。任何一个优秀的孩子，都不是横空出世的奇迹，而是有迹可循的因果。

它的因，在家庭。

它的根，在父母。

父母是无知的，就会以控制、奴役、摧残的方式，对待一个孩子，并且做得毫不自知。

以恶的方式传递恶，以愚蠢的方式传递愚蠢。那么，在人生的奋斗链条上，孩子从一开始，就掉了链子。

如果父母是开明的，就会给孩子尊重和自由。

不强迫，不设置，接纳生命的可能，让孩子的最大压力，仅仅来自他自己，发现他的优点，欣赏他的特质，运用成人的思维与资源，帮助他放大……那么，他就比同龄的孩子，赢了一大截。

这样的父母所生育的孩子，纵然不成功，也必然成器。

纵然不成才，也必然成人。

纵然不成名，也必然成就一番自己的人生气候。

对孩子，
就得溺爱

可能看到标题，无数为人父母者，还未开始阅读，就要愤起而骂之：瞎说什么呢？溺爱会毁了孩子的好吗？你懂不懂，不懂给我闭嘴！

来来来，先息怒。

息完怒，回答老师一个问题：你见过哪家孩子，是因为被父母溺爱而真正被毁了的？

李天一？药家鑫？

因为不了解他们的家庭教育，我无从理性分析，但如果这两个家庭真实的育儿细节被爆出，我相信，我们看到的，除了物质的满足（也不一定真正满足），应该还有父母对孩子的无尊重、无界限的侵犯、控制和打压……

这不是溺爱。

恰恰相反，这是不够爱。

溺爱是什么？

在中国人的家庭里，这是一个闻之色变的词。

因为，在无数杜撰出的故事里，成功人生，都与穷养相关；失败人生，都与溺爱有缘。这种对比简单易懂，又因为政治正确，千百年下来，成为集体无意识，被我们所有的人奉为真理。

于是，一旦提起，人人诛而杀之，人人喊而打之，人人避而行之。

但事实上，真正的"溺爱"，就是一个细雨润尘、春风拂面的自由之境。

它意味着：尊重孩子的欲望，不延迟满足，不压制需求，不控制你的想法，不制约你的发展，理解和支持你的决定，认为你是一个理性而健全的人，而不是任我揉捏的物。

如果父母做到了，对孩子不仅无害，反而有福。

比如著名的巧克力事件。

一个孩子喜欢吃巧克力。

父母觉得会长蛀牙，对身体不好，于是不给，要孩子节制，不给予他满足。

但在孩子的世界里，没有得失权衡，也没有是非判断，他们能感受到的，只是大人的情绪——刚刚爸爸大声吼我，太可怕了，我去找妈妈，妈妈也不理我，谁都不要我，谁都不爱我。

他们会觉得恐慌。

越恐慌，就越想要。

因此，父母这种拒绝，不但不会减少孩子对巧克力的摄入，反而带来他对巧克力的病态向往。

他会在家里到处找巧克力。

他会省下所有的零花钱（甚至会偷钱），去买巧克力。

也会因为一块巧克力，去做自己不愿做的事情。

后来，妈妈听了心理医生的建议，买了一箱巧克力，放在儿子的房间，敞开，任他自由地吃。

儿子惊喜不已："妈妈，这是给我的吗？"

"是的！"

"全都是你的！"

"我可以吃吗？"

"当然，你想吃多少，就吃多少……"

但神奇的是，孩子反而不想吃了。

他从最初的每天吃十几块，到吃几块，再到吃一两块，到最后，巧克力已经不具备特殊的吸引力了。

而妈妈克制住了自己，只是在他吃得不舒服时，告诉他一个事实："巧克力里面，有一种咖啡因，吃多了容易让人不舒服。"

没有评价，也没有打压，孩子反而懂了。

之后的某一天，妈妈吃了三块巧克力，孩子说："妈妈少吃，吃多了不舒服！”

这种物质的满足，会让他们形成客观的判断：什么是好的，什么是不好的。

而不至于因为匮乏，将渴望本身也当作了物质的价值。

中国的父母都喜欢在孩子说"要"时说"不"，为什么呢？

一来因为无知。

二来会带来爽感。

无知是因为，我们都以为，拒绝或延迟孩子的满足，会让他学会珍惜，也让他明白，不是任何东西他都能得到的。

但事实上，这种态度不明，会让他更疑惑，到底孰好，孰劣？到底孰可为，孰不可为？

比如，孩子说："妈妈，我想要去游泳！"

妈妈看了看天气，说："快要下雨了，不要去！"

孩子不懂得判断。他只知道，他合理的欲求被拒绝，感到委屈，以哭闹来发泄："就要去，就要去……"

妈妈被吵得不耐烦，说："行行，你去你去，淹死了别怪我！"

孩子达到目的，出门了。

但他不仅没有认识到下雨天游泳不好，反而对母亲有了一肚子怨气。

而且，学会了以哭闹为手段，来达到他的目的，哪怕再不合理，他知道，只要他撒泼，他大叫，他砸东西，父母就会满足。

渐渐地，他就被父母定性为"坏孩子"了。

但换一个方式呢？

孩子对妈妈说："妈妈，我想要去游泳！"

妈妈看了看天气，说："好的。不过天快下雨了，妈妈陪你一起去，在游泳池边等你，你如果游得不舒服了，马上就和妈妈说，好吗？"

孩子和妈妈一起出门。

外面雨势渐大。

孩子一入水，就感觉不对劲，爬到岸边来，对妈妈说："妈妈，我好冷，我不想游了！"

妈妈用备好的大浴巾帮他擦干水，一句话都没有责怪，只是说："嗯，下雨天游泳太危险了，我们回家吧！"

以后，孩子通过这一次试错，就懂得了下雨天不能游泳，同时相信母亲对他永不放弃，永远在他身边，永远爱他。

因为被爱，他也会爱其他人，能与他人和谐相处。

长大之后，情商也会很高。

对孩子强硬地说"不"，会让父母很爽。

因为，拒绝本身会带来"老子能做主"的快感。

只是，你不敢拒绝领导，不敢拒绝同事，不敢拒绝合作伙伴……只敢拒绝你的孩子，因为他最弱小，也最不可能反抗，你一旦嘶吼一声"不！"孩子马上就缩三缩，立竿见影，效果显著。

多么爽！

多么有气势！

比如，之前看到一个案例。

一个母亲，有一种变态的控制欲。

她见不得女儿任何好。

如果女儿和哪个同学要好，她就以"她不是好孩子，你不要和她来往"为由，让女儿和对方断绝往来；

如果女儿喜欢画画，她就以"这不是正经事，不要再画了"为由，要她终止；

如果女儿喜欢一个明星，她就以"跟个小流氓似的，你什么眼光啊？不要再喜欢了"为由，要她不要再追星。

这个母亲为什么这样？

因为她的生活里，充满了无力感。

她失业，丈夫出轨，多年宅居于家，只有通过对孩子说"不不不"，来获得一点控制感。

但结果呢？

这种"不"，根本带不来任何"好"，只会让女儿越来越暴躁，越来越怨恨。

如果换种方式：

任由女儿去交朋友，任由女儿去画画，任由孩子去追星……父母自己减少了很多焦虑，孩子获得了探索生命的自由。

至于父母担心的孩子太小，不懂控制，不懂权衡。

其实，我们都做过孩子，我们不懂控制吗?

不，我们都懂得，我们都懂得轻重缓急，是非对错。

但如果父母总是想控制我们，我们就会怒从心头起，对这种无界限、无尊重的行为，充满了刻骨仇恨。

王尔德说:

使孩子品行好的最好方法，就是使他们愉快。

而这个社会的大多数成年人在让孩子愉快这一点上，都显得出奇地吝啬。

就在他们或是粗暴，或是和蔼地夺走那些让我们愉快的事物时，他们总会不忘附加这样一句:这样做是为了你好。

而这真的是一句带有说服性的辩词，它会在最后使我们也同意毁灭自己。

我的朋友可二，也是溺爱孩子的坚决拥护者。

他说，我唯一担心的，就是不能将溺爱进行到底。

他家小妞读幼儿园时，有一天，忽然不愿意去上学了。

当时可二在广州，小妞在老家，由奶奶抚养。

可二听闻后，就对母亲说:"那就不上了呗!"

奶奶也是个聪明人，应允了小妞的请求，说:"好，不去上学了。"

只是，按可二的计划，每天有意无意地，带她到幼儿园附近玩。当小妞看着里面的小朋友玩得很嗨，笑得很快乐，叫得很尽兴时，又心动了。

第三天，她牵着奶奶的手，对她说："奶奶，带我去上学吧！"

后来，小妞学舞蹈，练劈叉、下腰，痛得龇牙咧嘴，晚上回家抱着妈妈说，好累好痛，不想去。

怎么办呢？

听她的。

可二对家人说："你们不要责怪她，做好她不去的准备！多跟她讲，你们知道很累很痛，抱抱她，让她自己讲讲累和痛的感觉，但说好第二天再去看看，去不去由她自己选择。"

当天晚上，妈妈昏昏欲睡时，小妞还在床上教布娃娃跳舞，下腰、劈叉，对布娃娃说："小宝贝，练跳舞很辛苦，你要坚持哦……"

孩子比我们想象的更通情达理，只需你给予他足够的、足够的自由。

没有几个中国人是真正享受过溺爱的。

相反，更多人，都是爱匮乏患者。

从前的时候，我也是溺爱有害的支持者。

直到阅读心理学，才发现多数人的心理疾病，都是因之而生。

因为，童年时，孩子和父母的关系，会内化成孩子的内在关系模式，从而决定他一生的性格命运。

从父母那里，如果体验到爱的丰盛、自由，成年以后，必然智慧、慈悲。

　　如果从父母那里，体验到的是爱的匮乏、缺陷与沉重，在孩子的潜意识里，人与人的关系，就意味着制约和沉重感。

　　真正的爱，从不会带来假丑恶，只会让人真善美。

　　充沛的爱，从不会令人骄矜、狂妄、自以为是，只会令人生出同理心和共情能力。

　　最后，再讲一件令我非常动容的事。

　　一个女孩的父母非常爱她。

　　爱到什么程度？

　　她有一本练习册丢了，很担心。

　　父母没有半句责备，在确定找不到后，穷尽所能地到处去买，又托了无数人，还是没买到。

　　他们决定：给女儿抄一本。

　　女儿很担心："这么多字，还这么多图，你们行吗？"

　　母亲说："你爸也是专业画图纸的，他来画图，我来抄字，可以的。"

　　他们借来一本练习册，然后，一个描图，一个写字，一丝不苟地临摹。可是工程太大，几个小时之后，才抄了一半。

　　因为次日就要交，女儿又担心起来。

　　父母对女儿说："你先去睡，我们保证帮你抄好。"

　　第二天清早，女儿起床，书桌上放了一本手抄版练习册。因为太厚，书是用粗线装订起来的，但上面的插画和花纹，一个都不少。

母亲还说："我已经模仿你的笔迹，把你这两天欠的作业补上了，今天就可以交上去！"

自然，这本练习册成了全班焦点，她和父母，被老师一起表扬。女儿说："那种差点撞车，最后刹住停下来还看见了彩虹的幸福感，直到现在我都还记得。"

理所当然地，在这种家庭长大，女孩比起常人，更温柔从容，也更能理解人、体谅人，与之相处，令人如沐春风。

每个生灵，都是一个对世界的祝福。

每个孩子，都带着自己的命运来到世界上，在内在精神胚胎的指引下成长。

如果我们的家长，能放下焦虑，放下评判，放下自以为可以教育孩子的狂妄，只是爱，只是谦卑地陪伴，人间多少悲剧，都会消失。

克里希那穆提曾说：

如果父母真的关心他们的孩子，社会在隔夜之间就会改变，我们会有不同的教育、不同的家庭，会有一个没有冲突、没有战争的世界。

所以，正在阅读此文的你，如果现在是父母，或将来要做父母，请记得：去爱他！

更笃定、更慈悲、更无所保留地去爱他！

像溺爱一样地爱他！

这是每一个大人，唯一不用怀疑，也不容怀疑的事。

不想孩子仇恨你一生，
你只需做到这两点

小十月从出生以来，直到如今两岁，一直是我母亲在照料。

我母亲，一个赤贫人家的女儿，出生于山区，外公重男轻女，嫌弃她、殴打她，视之如农活工具，后来又调到大动荡，时代的戕害加家庭的悲剧，导致她回首童年，几乎无快乐可言。

18岁，嫁给我父亲，迎来了更重的贫穷与暴力。

不快乐的童年与不快乐的生活，导致她内心的创伤极深，几乎无疗愈的希望。而且因为未曾念书，缺乏改变能力，无法察觉和自省，她一直觉得自己是受害者，对人对事，充满怨气，导致潜意识中，是默许暴力的。

我和弟、妹已经长大，她的情绪，早已经对我们造不成太多困扰，因为我们会抗拒。

但是，小十月，那个初生的、柔软的、无辜的孩子，却不得不面对我母亲的喜怒无常，他怯怯地站在她的暴力里，没有任何逃离、拒绝、反击的可能。只是哭，只是哭……

昨天，宝宝在床上尿了两次，又加上不吃饭，母亲重又愤怒。

她对着宝宝骂"死孩子""我要打死你"，并且，长时间未曾停歇。我强硬地制止她，她更愤怒。因为，我的指责令她觉得受到攻击，于是，情绪奔涌而出。

宝宝重又恐惧地大哭，眼泪流满小脸，他靠近她，拉她的手，哭着叫："姥姥，姥姥，抱抱……"

我母亲粗暴地甩开他，依然在发脾气。她把对小十月父母的不满，投射到孩子身上，骂他，指责他，孩子已经听得懂一切，他无法推卸，无可反驳，只是愈加恐惧，愈加慌张，愈加要靠近。

"姥姥，姥姥……

"姥姥抱崽，姥姥抱崽……

"姥姥，姥姥……"

哭声越来越大，像呼告，像求救，像呐喊。

我抱着他："崽崽，阿姨抱，姥姥现在心情不太好，让姥姥自己待着好吗？崽崽，我们去别的房间玩好吗？"

他抗拒，一定要姥姥重新爱他，温暖他——仿佛那是他的过错——得不到她宽恕性的拥抱，就会恐惧慌张。

我当时眼泪都快下来了。

那么多孩子，都以弱小的身心，默默地、无法反抗地替不快乐的大人，承担了那么多创伤。

万千冤屈，他们也无法言说。

万千苦楚，他们也只有吞忍。

在那些柔软的灵魂里，就此划出深浅不一的伤痕。

能怎么办呢？

如果大人不能给予他们真正的爱与保护，反而给予他们攻击，他们就只有慢慢地在内心里长出长矛，长出大刀，长出箭矢，长出盔甲，长出高墙，长出毒药，长出荆棘，来对抗这个充满敌意的世界。

他们渐渐会说：我不。

他们渐渐会说：你走！

但是，无法自我觉察的大人，毫不知晓这一切的发生。

我们仍理所当然地继续指责、抱怨，继续投射、攻击，将仇恨与怨怼，施加在他们身上。

当天晚上，小十月做梦，他蜷在毛毯里，满头大汗，动弹不安，喃喃地说梦话："姥姥生气了……"

我内心悲痛，再度潸然泪下。

又想起几天前，妹妹带他出去玩。

天色已晚，小家伙玩兴正浓，不想回家，妹妹就说："再不听话，妈妈就丢了崽崽。"

崽崽顿时变色，惊惧不已，瞪大眼睛，说："不要丢，妈妈不要丢……"

心理学早已反复重申：在人世间所有的关系中，最大的恐惧就是被抛弃。可是，在孩子两岁之余，我们就不自觉地将这种终极痛苦放在他面前，逼着他去应对。

妹妹说："好的，妈妈不丢，妈妈说着玩的。"

他安静下来。

十多分钟后，忽然又重复："妈妈不要丢崽崽……"

晚上回到家，吃饭，洗漱，玩耍，睡觉，睡着之后，也是做梦，说梦话："不要丢崽崽……"

我们就是这样做监护人的！

我们就是这样一边作恶，一边还生出自己是慈父良母的幻觉！

谁都不是无罪之身！

谁都不是善类！

日常生活里，也许你和我，都有一种自恋式幻觉：我是理性的，我是温柔的，我是慈悲的。

但是，在孩子面前，就像面对照妖镜，一切丑恶都现出原形：你不是说你有教养吗？你看看你这狰狞的模样，你听听你这冷酷的话语！

分明雷霆手段，偏说菩萨心肠。

分明蛇蝎言语，偏说母爱无双。

最可怕的，是我们毫不自知。

有一次，一个熟人居然笑眯眯地说，不要太把孩子当回事了，不打不骂，会无法无天。

我当即看着那个真的"无法无天"的孩子，沉默半晌，最后叹息：都是命啊！

还有一个人，说，孩子不骂不成器，就是要骂的，否则怎么适应得了社会！

我看着她，心里说：他日孩子长大，与你针锋相对，甚至对你破口大骂时，你不要后悔！

你若不仁，他必不孝。

冤冤相报，这就是轮回。

多少大人，正在借教育之名义，借惩戒之借口，将自己的情绪发泄到弱小者身上，弱小者受了这委屈，重又发泄到更弱小的人身上……层层发泄，最终受害的，便是那个最柔软、最无辜，还学不会攻击的婴孩。

他承受着所有，不发一言，以柔弱之躯，积淀着家庭里大大小小的恶。

他不会说：爸爸妈妈，我好痛苦。

他只会在夜里做梦，惊慌地喃喃呓语，表达潜意识中的恐惧和成长过程中的伤。

痛苦一代接一代，就这样传承下去了。

如果要终结，得从哪里入手？

只有从我们自身。

著名母婴关系心理学家李雪说：

当你控制不住想要对孩子歇斯底里的时候，可以有两个选择，一个是自欺欺人：我这是教育孩子为孩子好啊。

一个是自省：我的内心有很多愤怒痛苦需要被觉知，需要被疗愈，我也曾被父母这样伤害，这是我们家族代代相传的业力，我愿意经由亲子关系认识自己，成长自己。家族的不幸轮回，且让我承担，且于我终结。

于是我和母亲聊天。

选了一个闲适的午后，保姆打扫完卫生，做好了饭，家里只有我、她、小十月。

我们坐在沙发里，看着小家伙追一个球，哈哈笑着跑过来，嘎嘎叫着跑过去，欢腾不已。

我知道应该指责，可是，我更知道，指责无助于事情的进展，只会令当事人更加愤怒。你站在对的一边，她站在错的一边，彼此对阵，更加无济于事。

何况，母亲辛苦照料孩子两年，家务全干，日夜看管，只得一身病，未得半分好，内心委屈，早已不平，你若再抱怨，于她也是不公。

真正能拯救关系的，是接纳与爱。

比对错更重要的，是尊重，是懂得，是安慰。

她心里的荆棘倒下去，就会有沃土冒出来。

我看着她的眼睛，轻声说："妈，我懂得你，想想你这一生，真的太辛苦了，小的时候，没有人真正心疼你，那么苦，那么累，后来希望阿爸对你好，结果，天天跟你吵架，什么苦都受尽了，累出一身病，什么也得不到，一熬就是大半辈子，现在帮妹妹带孩子，腰疼得站都站不起来，头发也全白了，还是吃力不讨好……所以，你有时候发脾气，我都觉得很正常，我能理解你，不管你怎么样，我都会照顾你，爱你。妈，你不用担心，这一辈子有我呢……"

我眼见着母亲的眼泪，一点点地涌出眼眶。

这是我印象中，她在我面前流的第二次眼泪。第一次，是因为被父亲当街家暴，她羞愤难当，找到我，无法克制地哭。第二次，是因为一切悲苦被懂得，她落下眼泪。

她说："我知道我脾气是不好，但是，我真是苦个伤啊……"

小十月跑过来，奶声奶气地说："姥姥哭了！"他从纸盒里抽出纸，抬起头，举着手，帮姥姥擦拭眼泪。

那天下午，我们聊了很多，聊往事，聊现境，聊孩子，聊未来。

从来都是这样的，在冷漠与敌意中，每个人都会坚硬地防御，冷漠地退避。但在温暖与安全中，我们就会软化成水，低下头颅，看见自己的残缺。

母亲渐渐地开始反思自己："对孩子发火，我也晓得是不对的，但有时候控制不住啊，你说怎么办呢？"

我说："没有关系，有脾气是正常的，就是记得两点。第一个是发火之前，告诉自己，再忍一分钟，然后在这一分钟里，想一想，崽崽真的是有意捣乱的吗？这是他的错吗？你真的有必要那样骂他吗？这样一想，你的火气就会熄很多。第二呢，就是不管怎么控制，还是发了火，你就要在冷静之后，向崽崽道歉，一定要告诉他，这不是他的错，是你不能控制自己，你以后会注意的，请他原谅！"

但母亲并没有道歉。

我当时有些失望，但想想也接受了，毕竟，对她而言，道歉是一件前所未有因而显得难以启齿的事情。

晚上吃完饭，母亲回房休息，小十月也跟着去玩。我忙完手中的事后也想进去，还未推开门，就听见母亲温慈的声音："崽崽，请你原谅姥姥，姥姥有时候发火，是因为心里有很多气，不是因为你做错了，崽崽是最棒的崽崽……"

我靠在门边，内心涌动，再度潸然泪下。

生活就是以这种近在眼前的情节，告诉你，如果有爱，无论悲喜，都会令你很想哭。

当然，日子不是一出折子戏，而是长达百年的连续剧。

每一集里，都有横空出世的矛盾，也有拔地而起的痛苦，也许你上一集成功过关，下一集却一败涂地。这都没有关系，你只需要记得两条：

1. 爱，是如他所愿，而非如你所愿。

2. 分清什么是孩子的错误，什么是你的情绪。如果是孩子的错误，请温柔地指正，和悦地教导。如果是你的情绪，请自行负责，若不幸酿成伤害，一定要勇于承担和道歉。

爸爸不听妈妈的话，
妈妈的话就会去到孩子的耳朵里

我们可能都有这样的体会。

年少时，父母争吵，最弱势的那一方，是我们心里最想保护的一方。

比如说，母亲一天到晚尖声大叫，歇斯底里，脏话频出，令人如耳穿针，你就会自然而然地同情父亲，然后站在父亲的位置上，替父亲攻击母亲。

同样，如果父亲对母亲冷落，不以为然，贬低、打压、嘲弄、忽略，甚至对母亲家暴，那么，你就会自然而然地站在母亲一方，深切地痛恨自己的父亲。

因为，孩子是绝对自恋的。

在大多数的家庭里，父母都会对孩子宠爱有加，他的一喜一怒，都会导致家庭氛围的变化，那么，他会认为，家庭这个小世界，一切都是由他掌控的。

因此，父母关系僵化时，他会想维持秩序，重新恢复平衡。

谁弱，他就帮助谁；

谁强，他就排斥谁。

这就产生了一句流传于心理学界的金句：爸爸不听妈妈的话，妈妈的话就会去到孩子的耳朵里。

反过来，同样成立。

德国心理学家海灵格，通过几十年的研究发现，许多孩子出现的问题，都与父母没有遵循好家庭运行法则有直接关系。

当夫妻关系失衡，或者位置模糊的时候，孩子潜意识里，就会想要用自己的力量，去拯救弱势的一方，使之恢复平衡。

从而亲子关系逆转，导致孩子发生认知错位，成长出现障碍，没有心思做自己应该做的事情。

比如说，我曾经看讨一个案例。

讲的是一个丈夫有了婚外情，长期不回家，孩子面对着委屈、失落，同时对他充满依赖和控制的母亲，又想保护，又想逃离。

长大之后，亲密关系果然出现问题，几次恋爱，对象都是年长的有夫之妇。

因为，童年时期，被伴侣忽略的母亲，把对伴侣的需求和期待，投射到了孩子身上。她希望孩子能安慰她，能保护她，能理解她，能支持她，能不离开她，她会对着孩子哭泣："你爸爸辜负了我，你不要抛弃妈妈，妈妈只有和你相依为命了……"

但是，这不是孩子的责任，而是配偶的责任。

这种认知错位，也会使孩子在潜意识中认为：保护不被丈夫看见的女人是我的责任。

因此，成年后的两性关系，就不自觉地复制与母亲的模式。

孩子与父母的关系，就是成年后与他人的关系。

当父母怎么对待他，他就会怎么选择自己的伴侣，对待自己的伴侣。

海灵格提出：真正健康的家庭，一定会遵循这个法则——家庭之中，先出现的关系，要优于后出现的关系。

也就是说，夫妻关系，要重于亲子关系。

因为，父母相处的模式，就是孩子学习的模式。

当父母相爱，家庭融洽和谐，那么，孩子就会在爱中长大。

反之，亲子关系也会出现危险。

许多人有了孩子，全身心都在孩子身上，对伴侣疏忽，并觉得理所当然。

因为，"孩子那么小，当然需要全身心照顾！"

但是，这是本末倒置的。

伴侣被忽略，就会爱匮乏，长此以往，就会引发家庭危机，比如婚外情，或者引发强烈的负面情绪，破坏家庭氛围。

这当然都不是我们想看到的。

而将全部精力投注到孩子身上，也会在潜意识中，将对配偶的期望投射上去。孩子会不堪其累，会想逃离，或者发生关系认知的扭曲。

每个人都应该认清自己的位置，并回到自己的位置上。

父母关系才是家庭关系之轴，你们的相爱、你们的亲密，才是孩子健康成长的坚实基础。

如果一对夫妻，把做好爸爸、好妈妈的需求，看得高于一切，却疏忽了夫妻关系的建设，那么，这种努力的结果，很可能是：孩子得到一份不完整、不健康的爱，他会终其一生地尝试着去整合它。

最好的方式，是先爱自己，再爱伴侣，然后一起爱共同的小孩。

这才是健康的家庭运转法则。

没有人能在匮乏中给予，没有人能在爱缺失的状态下去爱他人，没有人能在不被看见时，去真正看见孩子。

只有感到自己被爱，我们才会内心情感流动，身心愉悦，才会不吝啬地付出，不委屈地坚持，真正地厚待身边的每一个人。

也就是说，夫妻的恩爱，必然会赐福给孩子。

父母的相爱，必然会积极影响到他们的子孙。

我们都曾是孩子。

在还是孩子的时候，最大的愿望，不是父母中的哪一个疯狂地爱我，而另一个却被冷落。

相反，我们最大的需求就是父母相亲相爱，彼此联结，不审判，不指责，相亲、相知、相互扶持，创造一个充满爱的环境，成为我们共同的、温暖的归属。

只有这样，每个人才会各得其所，充盈幸福。

你什么时候才能
不对孩子撒谎

《完美陌生人》里，有一个这样的情节：

17 岁的索菲娅赴男友的约会。

这次约会非寻常，因为可能会发生性关系。

而她还是处女。

她向父亲告知了此事。

我想，对于任何父母来说，听闻这样的事情，如何面对和处理，都是一个考验。

粗暴阻止的话，很简单：不行，不可以去！

结果，女儿被粗暴阻止，控制生成，她要么自觉耻辱，要么生出叛逆之心。

道德审判的话，也很简单：你有点羞耻心好不好？这么小就想和男人发生关系……

结果，女儿受伤，满心怨气，隔阂生成，再不会对父母坦陈任何心事。而且，也不会为女儿在"去与不去"的选择中，产生任何积极的作用。

放任自流的话，同样很简单：你的事我不管，自己看着办……

结果，女儿觉得不被重视，自然就去赴约了。

这些，都不是处理这个棘手问题的良策。

索菲娅的父亲却做得很好。

他和朋友正在聚会，过程中，索菲娅给父亲打来电话。

父亲："嗨，亲爱的，你还好吗？"

索菲娅："嗨，爸爸，我挺好的。现在方便说话吗？"

父亲："当然，你说吧。"

索菲娅："我不知道要怎么开口，格雷戈里奥的父母不在家，然后他叫我……去他家过夜……爸爸，你在听吗？"

父亲自始至终都很温和，没有暴怒，没有审判，没有指责。

他说："嗯，然后你说什么？"

索菲娅："我不知道，但是我想去……可我没想到是今晚。如果我不去的话，他可能会不高兴。我该怎么做？"

父亲继续温柔地说："不要因为他不高兴而去他家，这不该是唯一的理由。"

索菲娅："这当然不是。"

父亲："而且你别指望我能多支持你去。"

索菲娅："别这样，爸爸。"

父亲："我要说的是，这是你人生中一个重要的时刻，是你会铭记一生的事情，不仅仅是你明天和朋友聊天的谈资。如果你以后想起，无论何时回想起来，这件事都会让你嘴角带笑的话，你就去做吧！但如果你并不这么认为，或者不太确定，那就忘掉它吧！因为你还有大把的时间。"

多么理性而温暖。

不得不说，这真是最为明智而又温柔的应对。

身为心理医生的母亲，也对父亲说："你处理得非常好。"

但索菲娅却不会对母亲说这些。

因为，假如她听了之后，"不听解释，只会发脾气"。

她的心事，只会对一个不审判她的人坦露。

她的诚实，也只会给予一个理解她的人。

当对方给不了理解和包容，而自己又尚未强大到无视他人的态度，那么，她就会撒谎或者逃避。

在这一点上，想必大家都有体会。

小时候，和同学打架，一身是伤，回家后，父亲问："怎么回事？"

你会说："摔了一跤。"

因为，如果说出真相，等待你的，一定是更难堪的羞辱和责罚。

作业本用完了，你会撒谎："学校要交练习册的钱，20块……"因为，如果你以自己的诉求为理由向父母要钱，他们从来不给。

考试考了不及格，你会把试卷扔了。

回家对父母说："还不错，70 多分。"

因为说出真相的代价太大。

当一个人选择是否去说谎的时候，其实已经在潜意识里做出判断了：

诚实＝源源不断的审判＋难以忍受的抱怨

撒谎＝大概率的平静＋可能的好处

诚实是有条件的。

一是自我的力量感，二是可预见的被宽容。

自我有力量，能对过错完全负责，他会选择诚实。

可预见被宽容，代价不会太大，他也会选择诚实。

如果这两者都缺失，撒谎，就成了一种自我防卫。

这不是简单的道德教育就能解决的问题。

如果过度要求孩子保持诚实，生硬地宣扬"诚实是美德""诚实是为人之本"，往往会造就一个"更不诚实"的孩子，他会用更加隐秘的、迂回曲折的、费尽心思的方法来对付家长，隐瞒真相。

长此以往，对他自己，也会不诚实。

根源在哪儿？

就在孩子和你身上。

你要足够理解，他要自由长大。

当你因他的谎言愤怒时，请一定要问问自己：如果他诚实，你会给他的诚实以活路吗？

如果没有，那么，你只是在控制。

在这种控制里，没有尊重，没有理解，只有"你必须听我的话，按我的来"，以及对失控的恐惧。

这些，都与真正的爱，背道而驰。

在柴静的《看见》里，有一段很棒的话：

宽容的基础是理解，你理解吗？

宽容不是道德，而是认识。

唯有深刻地认识事物，才能对人和世界的复杂有所了解和体谅，才有不轻易责难和赞美的思维习惯。

在一个充满尊重与爱的家庭里，每一个孩子，才能自由成长，让内在的精神胚胎，生长出独属于他的精彩未来。

一个人什么时候会不撒谎？

答案很简单：在用不着撒谎的时候。

就比如《完美陌生人》里的索菲娅。

她不对父亲说谎，因为不需要。

她知道，父亲是能理解自己的。

不会粗暴控制；

不会道德审判；

不会放任自流。

无论自己长成什么样，他都能给予自己理智又温暖的支撑。

因此，许多人看了此片后，都会感叹说：有这样的父亲，才算真正被命运厚待，生命才会真正自由地绽放，充满奇迹，充满可能。

当一个家庭病了，
孩子才会有各种问题

当一个家庭生了病，一定会有一个或多个成员，把家庭的病症表现出来。

而这个人往往会是家庭中能量较弱的、敏感度较高的、年龄较小无力自我保护的那一个——我们的孩子。

家庭和各种社会系统一样，有自己存在、运行的规则和需求。

家庭需要一对关系良好的父母。

只有父母之间的婚姻关系运作正常，他们才能安心抚养孩子，孩子才有机会健康成长。

如果夫妻之间关系不佳，家庭中的成员就会被迫做出不良的适应，利用自我防卫来保护自己。

这些即时、自动的防卫方式，既伤害自己，也伤害他人。

许多父母因为孩子的行为偏差而求助。

在接受一系列的辅导之后，往往发现是他们的婚姻先有问题。

他们进一步成长之后，了解到孩子的偏差行为，是为了化解父母婚姻关系中的冲突和压力。

也就是说，孩子借着自己的问题行为，来维系整个家庭的平和，他们宁可成为"问题儿童"，也要为家庭带来一些帮助。

而且，他们往往成功地做到了这一点。

心理疾病（长期积累导致生理疾病）、行为偏差（多动、暴躁、饮食失调、网恋、早恋、辍学、逆反、自卑、自大、抑郁、精神分裂等），永远不是单独的、个人的现象，是因为家庭本身生病了，有行为问题的某一成员，只是病态家庭的"发言人""代理人"而已。

个人的问题意味着家庭的病态。

家庭系统的病态，则反映出整个社会体系的病态。

当孩子出生，进入原生家庭系统，成为家庭系统三角关系中的一角后，孩子也会成为父母关系的焦点。

家庭系统中缺席的角色，会有人自动补缺，这个人往往是孩子或孩子中的一个。

如果母亲忙于事业，整天在外奔波，没有在妻子和母亲的位置上；或者母亲停留在少女时代，不从自己的父母处独立，而是带着孩子寄生在自己的原生家庭，那么由于母亲没有扮演她的角色，家庭在亲密关系上就会出现空缺（真空）状态。

然而，家庭需要完整的婚姻，必须有人扮演跟父亲平等的角色，来维持婚姻关系。

于是，女儿可能会成为妈妈的"代理人"。

当爸爸忙于工作时，也许孩子会担负起照顾家庭、妈妈及更幼小孩子的责任。

这样的孩子会变成"超级负责人"或"代理父亲"。

如果一个家庭中，有两个或两个以上的孩子，其中一个孩子会扮演可爱滑稽的角色取悦家庭成员（尤其是父母），这样的孩子是减少父母摩擦的"开心果"。还有一个孩子会在家中扮演"超人""圣人"或者叫"英雄"的角色。在班里永远是第一名、赢得荣誉、当选班长，这个孩子是父母的荣耀，为家庭提供面子。也许会有一个孩子产生反社会行为，借着这些行为，来表达父亲（母亲）隐藏在内心的对母亲（父亲）的愤怒。这个孩子也许是不学习、惹麻烦、多动、抑郁、自卑，他（她）的问题可能会转移父母之间的冲突，甚至会使父母因为担心他（她）而彼此亲密起来。

独生子女家庭，往往由一个孩子反串所有的这些角色，由唯一的孩子承担家庭的一切问题和需求。

因父亲家外有家，在父母濒临离婚的几个月里，上中学的安静、文雅、优秀的女儿，突然成绩下滑、抑郁、辍学、自闭，最后离家出走并试图自杀。

当母亲因为女儿的状况向父亲示弱，父母二人协力来关怀女儿，并因为血缘关系难以割舍，父亲最终回归家庭之后，女儿豁然痊愈。

父亲因此感慨万千，演绎一个"浪子回头金不换"的故事。

家庭中的儿子，上中学时极其优秀，功课均优，几乎每个学年都以全票当选班长。

初三下半年中考前几个月，却出现腹痛、腹泻症状，持续多月，无法正常上学。

父母带着他去上海、北京各大医院检查，均无法查出病因。

无奈休学，重读初三。

此时的家庭状况是：父亲有关系亲密的女友，常常在外留宿，母亲极为苦恼。

当儿子因莫名其妙的病症影响中考和身体的成长时，父亲开始回归家庭并全力治疗儿子，夫妻关系因齐心协力关照儿子而缓和。

暑假过后，新学期开始的时候，儿子复原了。

这样的孩子，便是家庭中的"代罪羔羊"。

"替罪羊"通常是家庭问题的承担者、"代理人"，而家庭也往往因为这个孩子出现的问题开始寻求治疗，而有机会面对真正的问题。

可以说，孩子为家庭提供了正面的牺牲、贡献和服务。

孩子这么做是出于家庭动力，而非个人选择。

家庭系统中的个人，有填满处于"真空"状态关系的倾向，孩子，往往是自动满足系统需求及隐含空缺的人选。

家庭中的每个人都受到父母关系的影响。

当家庭关系面临危机时，个人会扮演多种角色以适应压力，而失去真正的自我。

而脆弱的孩子，越是想扮演好角色来帮助父母，家庭的不良状况越会持久不变。

当孩子因承受不了压力而把自己变成"问题儿童"，则可能唤醒父母反观家庭的文化背景及个人的成熟度。

由于我国独特的国情，过去由几个孩子共同承担的期待和压力，现在由独生子女一人承担，孩子更容易出现行为偏差及各种身心问题。

如果父母的婚姻关系良好，则对独生孩子是好的；

倘若家庭处在不良的婚姻关系中，独生孩子会承担所有潜藏的问题。

在健康的家庭中，每个人扮演健康的角色。

父母的角色主要是提供示范：

如何扮演男人或女人的角色；

如何扮演丈夫或太太的角色；

如何扮演父亲或母亲的角色；

如何培养亲密关系；

如何做个正常、健康、有价值的人；

如何与他人保持适当界限而不做逾越角色的事情；

....

孩子是最佳的学习者,他们时刻以敏感于成年人三百倍的身心,观察、模仿父母的言行举止。

孩子是最糟糕的诠释者和表达者,他(她)没有构建起完整的、逻辑的、有合理意义的能力,也没有对应的丰富词汇来表达出他（她）思考、怀疑和好奇的一切。

作为学习者,孩子特别需要父母的指引。

找出自己家中特有的问题,是每个人的重要功课。

一旦我们根据因果规律,知道了事情的来龙去脉,便能做出一些补救措施。

家中的焦虑便不会由一个人吸收和承担,造成"问题儿童""精疲力竭的妻子（丈夫）"或身心病症。

244.

06

女超人赢得世界，

女病人获得爱情

原谅我对爱情这个东西兴趣微弱

我若爱上你，便会如白痴

"给你 3000 万，你愿意做我女朋友吗？"

离婚是富人的专利，结婚是穷人的义务

女超人赢得世界，女病人获得爱情

真正的恋爱，就是合并同类项

婚姻为什么让我们变得如此恶毒

当我们不在爱里，我们就在恐惧里

最后你爱上的，都是愿意陪你说废话的人

原谅我
对爱情这个东西兴趣微弱

⌣

妹妹怀孕八个月了，预产期在七月中旬，这段时间回娘家来养胎，说家里书多，安静，饮食清淡，像个尼姑庵，是静修的好地方。

这是我们家近些年最隆重的一件事，大家围绕着那个隆重的肚皮忙开了，有钱的出钱，有力的出力，有经验的出经验，有文化的出文化。我是典型的四无青年，哪一种都没有，但也不甘在为孕妇做贡献的爱心大潮里当个后进生，思来又想去，左顾再右盼，从书柜里翻出了十多本书，兴冲冲地要为小外甥进行胎教。

念的主要是绘本，比如《当世界年纪还小的时候》《奥菲利娅的影子剧院》，也有故事、寓言、童话，以及一些有趣的、言之有物的短文。

总而言之，我们跟着那个还未出世的小生物一起，在真善美的羊水中一周期接一周期地泡着，小家伙的感受不知如何，但对我的疗效特别显著——那几天光眼泪就流了四次，心脏柔软脆弱得一戳就破，隐约又开始渴望爱，相信梦想，觉得自己理应光芒万丈，百里飘香，怎么着也不能只混成这副模样！

印象最深的是一个下雨天，天与地被缝合了，明亮而密集。我们在那片水帘中央，念《海的女儿》。

"在海的远处，水是那么蓝，像最美丽的矢车菊花瓣，同时又是那么清，像最明亮的玻璃……"

母亲在一旁为妹妹纳嫁鞋，妹妹呢，全然不知身外事似的，眼睛盯着肚子，手掌覆着，像世间最精密的仪器一样感知胎儿的动静。

小外甥不知道是听入迷了，还是在装深沉，总之，他在温暖的母腹中躺着，安安静静地，如同那个被海洋包围的人鱼公主，感知着人类的生活。

"多美的故事！"我叹息说，心神动荡，恨不得立马打个飞的赶到丹麦的海边，捞起一朵泡沫，为它磕头上香哭上几小时。

"我觉得不好，"原本像果冻一样甜蜜柔软的准妈妈这时皱了皱眉，提出质疑，"美虽美，但我还是不太喜欢，爱情固然可贵，但要让我鼓励孩子像人鱼一样去献身，牺牲一切，我是不答应的！"

"可是……"

起先还想动用我二两八钱的美学知识来和她辨驳，毕竟被一个比自己晚出生三年的人非议，挺没面子的。

我想说牺牲更能加重悲剧美，使故事更锐利，像子弹一样瞬间击穿心脏；

我想说用宗教的观点看，施比得有福，无保留地施，就接近于神了；

我想说就现实来说，这就是一种对爱情的隐喻，任何一个傻瓜，都曾经有过一场奋不顾身的爱情，削足适履地付出，举步维艰地跟随，爱情沸腾得快要把自己煮熟了，却还是无法表达，最终，只有眼睁睁地看着他和别人白头偕老，自己呢？用张爱玲的话来说："我将只是萎谢了！"

…………

但后来发现，我再巧舌如簧，也说服不了我自己。

因为我明白，任何怂恿人去死的行为，都是可疑的，不管以哪种借口，爱情也好，孝悌忠信礼义廉耻也罢，都必须警惕、提防和拒绝。

而爱情，它固然美妙，但归根结底，只是生命的附着物，是锦上添的那朵花，是猛虎背上生的翼，是 1 后面的 0，是大河中央的一艘船，是千山万水的旅途中偶遇的一片风光。

为了爱情牺牲生命，说到底，还是舍本逐末了。

那么，为什么我们还是不顾一切地去追求呢？

仔细想来，人鱼公主、孟姜女、罗密欧与朱丽叶式的为爱献身的悲剧男女，大抵都有一个共同特质：太闲了。

树越肥越高，人越闲越骚。于是无中生有地生产爱情，来填充空荡荡的生活和心灵。理想的 A 货爱人要不到，B 货 C 货也先弄一个，凑合先用着，就像土壤，种不了玫瑰，那就种稗草。

　　为了使之更像那么回事，我们快马加鞭地生产旺盛的情绪，将每一场灰头土脸的"爱情"培养得膘肥体壮。

　　即使某一天，不小心醒悟了：爱情也许并不是必需品，况且因为他（她），自己的世界越来越狭隘，还是放弃吧。也不要以为深陷其中的人会真的放弃。

　　因为他们会生出强大的心理暗示，来让自己相信：没有受苦，便不足以谈爱情。

　　"受苦"二字，又戳中了我们渴望戏剧性的痛点，重又抖擞起来，带着牺牲的悲壮感，用全部心力继续去付出。直至事态已经由不得自己了，为后果负不了责了，两眼一闭，说，"我看错人了"，嗷呜一声，撒手而去。

　　我尊重每一个人要死要活的权利，那都是每个人的自由。只是人之所以成长，就在于能对不可为之事、不可亲之人，大声地说"不"！

　　曾听一个毒舌控朋友说："我就纳了闷了，人生在世，一个个五大三粗的大老爷们儿大老娘们儿，又不是演偶像剧，除了爱情，就没点别的事可做了吗？非得寄生在爱情的伤口里，靠着脓血眼泪度日吗？"

　　是的，当然不用。

　　忘了在哪儿看过一个故事。一个失恋的妞，痛苦得呼吸都像凌迟，决定去自杀，自杀之前，无意中去上了一节德语课，上着上着，发现心情好多了，没那么想死。这课就这么上下去了，后来她当然没死成，还顺便学会了一门新语言。再后来，她又失了好几次恋，但久病成医，对付这种事，已经熟能生巧了：开辟新视野，接受新内容。就这样，她又学会了摄影、画画、烹饪、拉丁舞等五花八门的奇门遁术，越发活得五彩缤纷。

生命价值的获得方式，绝不只在于爱情，形而上的诸如诗歌、远方、真理等有趣的追求，形而下的诸如吃喝玩乐等丰盛的存在，都可以为生命添骨加肉，将它填充得具体、完整、意义非凡。

在这种意义上，一个人和一只壁虎，其实没有太大的分别。

爱情是那条蜿蜒迤逦的长尾巴，生命是身体。爱情断了，可以再生，毫不妨碍你在下一次春心萌动时功能正常地去和异性交尾。但身体没了，一切归零，汁液丰美的飞虫享用不到了，雌壁虎的献媚享用不到了，飞檐走壁的机会享受不到了，在下雨的屋檐下听风的惬意也享受不到了……所有精彩的可能戛然而止。

其实，要死要活，摧枯拉朽，那都是艺术作品教给我们对爱情的一种修辞，在现实生活里，是作不得数的，真要这么干，除了获得无数句白痴，剩下的，多是不忍卒读的结局。所以，脑袋正常的人，在跳入爱情这个讳莫如深的湖泊前，多会在腰间套一个救生圈，以便可以在紧要关头，将自己打捞上岸。

"你说得对，"当天夜里，我和妹妹说，并承认对爱情过于艺术化的态度是不对的，"为爱当然可以付出，但最多只能投入一条壁虎尾巴的分量，而不是人鱼尾巴的砝码。"

那时候雨已经停了，准妈妈坐在沙发里，依然用果冻般甜蜜柔软的目光，注视着那个隆重的肚皮，然后软绵绵地，对着里面的小生命说：

"是的，宝宝，为爱献身是可以的，但为爱献生，绝对不可以！"

我若爱上你，
便会如白痴

很小的时候，看过一本日本小说。

大概是讲一个城里的俊俏青年，来到乡间度假，被当地的一个傻姑娘爱上的故事。

来龙去脉已忘了。只记得一个细节，在那个光芒万丈的青年面前，傻姑娘爱得几近失语。她一无所有，亦别无所长，唯有一项技能出类拔萃——爬树。

他也曾见过，赞曰："爬得好快！"

于是，她等在他必经的路边，蹲在树下，等他到来时，一遍遍一遍遍地为他表演爬树。

那么固执，那么痴情，但又那么笨拙，近乎一个呆子，将一腔柔情，表达得像一个笑话。

别人会说，真傻！

却不知，你我皆如是。

我们都是那个傻姑娘啊。

一旦爱上，便如白痴。

总想于狼藉中，择出最好的，供奉给他。

于是，他无心的赞许落在哪里，我们便在哪里生出条件反射，不自觉地一遍遍起舞，一遍遍地为他重复。

曾经爱过一个人，他说，世间美食，最爱鸡蛋羹。于是借了锅，买了蛋，按照他的口味，蒸好了浓稠嫩滑的一碗，谷黄色，有浓香，放在袋子里，搭了车，走了长长的路，给他送了去。打开时，仍是温热。他吃了，说好吃。以后便成固定节目，闲时淡日，抑或忙碌时节，总是殷勤地开锅起灶，为他蒸鸡蛋羹。

还有一个人，他说，最喜欢你的才华横溢。于是为他写诗，开了隐秘的博客，书尽欢娱事，道尽凄凉字。他也极少看。只是说："确实不错！"如此了了。但我如入魔障，一写就无法收拾。

一个友人，比我更甚。她受男方鼓励，说最喜欢你的大胸。她去隆了胸，一次不够，隆了两次、三次。夸张无比，如堕如坠，直到整个人，在他人眼里，只剩了胸部。

我问她："值吗？"

"根本不会想值不值，只会想他喜欢不喜欢。"

他当然不喜欢。

若喜欢，早已给出回应。就像那个城市青年，永远不会爱上山村傻姑娘，便如看戏般，欣赏她的拙劣表演，如看小丑，如见动物园的六脚猴。而她完全不知，抱着那缕幻念，爬上，爬下，爬上，爬下……

所有的执拗背后，都藏着一个求而不得的人。

所有的悲凉背后，都有一颗与温暖绝缘的心。

若被爱，便不会这么痴傻。成疯成魔的，都是不被体恤的。

莫泊桑有一篇小说，叫《修软垫椅的女人》，里面也有一个可怜的穷女人，又脏又烂，居无定所，在年纪很小的时候，爱上一个富二代——舒盖。

她把所有的钱给他，吻了一下他的脸颊。男孩看到钱，没有拒绝。她高兴得发狂，搂住他，继续吻他。

她爱上了他。

她开始到处攒钱，存在兜里，全部给他。这是她表达爱的唯一方式。四年里，她把一笔笔积蓄，都倒在他的手里。他把钱放进口袋，心安理得。

再后来，他离开，去上了中学，不再理她，如同陌路。

她很痛苦。而这时候，她的父母——修椅子的穷夫妇去世了。她捡起他们的行业，继续干了下去。人依然又脏又烂，居无定所。

他终于结了婚。知道消息的那天，她跳进了池塘，被人救起，送到他的药房。他说："你疯了，你不应该傻到这地步！"就这一句话，她又好了。

　　她的一生，就这么过去了。她一边修椅子，一边想着舒盖。每年她都要隔着玻璃窗看一看他。偶尔，她也会在他的药房里买点零星药品。这样，她就可以走到他跟前，看看他，和他说说话，付给他钱。

　　再后来，她死了。

　　临死时,她委托一个人,将她毕生的积蓄——2327法郎都转交给舒盖。

　　委托人走到舒盖家时，两个肥胖的中年男女，听到这桩故事，如蒙耻辱，跳起来说："如果她还活着，一定要把她送进警察局……这个死要饭的……"但见了钱，却一转口气，说："既然是她的心愿，我们就接受吧……"第二天，又找回来，要走了女人的一辆破推车。

　　一往情深，落得的却是这等薄义无情。

　　可她又怎么不知?

　　她当然知道，舒盖与她，是两个世界的人，不可能重逢的。

　　但她需要这种执念。有了它，她的一生，才有了依托。

　　就如同文本之外的我们，一旦爱上了，便自废武功，放弃了算计，忘却了权衡，所有辗转腾挪，草蛇灰线，只为那一句而已。

　　十有九人堪白眼，百无一用是深情。

　　然而，正是因为这无用的深情，我们才会在生之荒野，架起一道彩虹，一头连着我，一头连着你，让我们逐渐攀登。而在这个过程中，光芒如雨，爱如甘霖，时间重新开始，击败人世的虚空。

"给你 3000 万，
你愿意做我女朋友吗？"

想必大多数女生，看到标题的时候，都会在心里说："我愿意。"

毕竟，用这么多钱来换你，一则证明他有钱，二则证明他有爱。为什么不做呢？

但是，请缓一缓，我们先来看一下这则花边新闻。

这则新闻的主角，是著名财经教授郎咸平和他的空姐女友。

事情是这样的：

在第六次婚姻存续期间，郎咸平和空姐好上了，深情正盛，宠爱正浓时，送了空姐位于上海静安和松江两套房子，一套在她的名下，一套在她的父亲名下。此外，郎咸平还给空姐转了巨额金钱。

看到这里，许多人一定会艳羡，君有财，我有貌；君有名，我有色；简直天生一对，匹配得无以复加。

但，结局却远超你我的想象。

两年后，二人感情生变，双双反目，恩情不再。

郎咸平向空姐要回两套房子的购房款。

被拒。

事情到这里，男人一般都会算了。因为，1. 这是你自愿赠予的。

2. 毕竟爱过，权当为旧情埋单。

但知识就是力量，尤其是一个擅长经济学与法学的人。

郎咸平用了三个回合，不仅要回全部购房款，而且让空姐背上了900 万元的债务。

现在我们来看一下这三个回合，顺便感受一下具有知识含量的撕 ×，是如何的令人叫绝和绝望。

回合一：郎咸平起诉空姐和空姐父亲，退还全部购房款。空姐以当初自愿赠予为由抗辩。郎咸平败诉。

普法：赠予的房子可以要回吗？

根据法律规定，赠予的房子只有在"严重侵害赠予人或者赠予人的近亲属""对赠予人有扶养义务而不履行""不履行赠予合同约定的义务"的情况下才能够撤销，且有一定追溯期。

而郎咸平在自愿的情况下，为空姐买房，属于赠予行为，且对于赠予没有其他附加约定，并已事隔多年，因此不能主张返还房款。

回合二：郎咸平与第六任前妻合作，让前妻起诉自己非法处置夫妻婚内财产，要求空姐返还购房款。郎咸平胜诉。

普法：赠予第三者的钱财，夫妻另一方可以追回。

最高人民法院《婚姻法司法解释一》第十七条之规定：夫或妻非因日常生活需要对夫妻共同财产做重要处理决定，夫妻双方应当平等协商，取得一致意见。

江苏省高级人民法院《婚姻家庭案件审理指南》第三章第四条认为：夫妻一方将共有财产赠予他人，属于对共有财产的处分，因未经配偶同意，故处分行为无效，赠予人的配偶向人民法院主张返还的，应予支持。

回合三：郎咸平起诉一家名为馨源的公司。

这是一家一人有限责任公司，公司法人代表就是空姐。

郎咸平说：自己向该公司付款 900 万，用于购买铜制佛像等物品，但物品一直没交割，故要求该公司退钱。

空姐表示，钱一到账，就转给了上海高汉新豪投资公司（郎咸平的儿子任总经理）。

但法院表示，馨源公司虽然把货款打了给案外人，但该公司与郎咸平之间的买卖合同依然有效。

即：郎咸平付了钱，馨源没交货，所以就该退钱。

判决书的原话是："依据合同的相对性，馨源公司仍然是合同履行及责任承担的相对方。"

由于馨源是一人有限责任公司，空姐作为唯一股东，又不能证明其个人财产独立于公司财产，所以，郎咸平要求空姐承担还款责任。

法院支持了郎咸平。

郎咸平胜诉。

普法：一人独资企业的风险。

在发生债务纠纷时，一人公司的股东有责任证明公司的财产独立于股东自己的财产。否则即丧失依法享有的仅以其对公司的出资为限对公司承担有限责任的权利，而应对公司的全部债务承担连带责任。

有人曾给空姐支着，将个人消费贷款用于公司资本运作，是典型的套取贷款行为，让她拿出证据举报。

但从现在来看，空姐留后招的可能性很小。

一来，以空姐的心智，不太可能做到未雨绸缪。

二来，以郎咸平的精明，不太可能主动留下证据。

看完这件事，想必大家都和我一样感慨：

1.做小三有风险，不仅道德亏损，财产也可能损失。

已婚男人的爱，多是海市蜃楼、镜花水月，作不得数的。

年轻女人，不仅要擦亮眼睛，还要清空耳朵，不要被花言巧语所误。

2.男人无情起来真可怕，有学识的老男人无情起来更可怕。

试看整个过程，步步为营，机关算尽，尤其是一人有限责任公司这一环节，伏线千里，细思恐极。留此一手，可谓进可攻，退可守，永远操之在我。

3.知识无用论早已过时。

如今的世道，智商才是横行天下的利器，学识才是纵横世界的法宝。

作为屌丝的你我，没事还是要多读书，尤其是经济学与法学。否则，被人卖了，还可能帮着他人数钱。

4.天下没有免费的午餐。

不要以为男人赠予的房、车，就能真正得到。如果他想要回，分分钟就能逼你到绝路。

现如今，空姐应该已从发蒙模式，切换到了痛苦模式，专注于自己的受害者角色，对世道与男人大感愤怒和不公。

但是，怪谁呢？

还得怪自己的无知与无德。

若无贪欲，若懂界限，若知道德，若不对自己过分自信，也不会有如今的下场。

前几天，五岳散人在微博上说：作为一个有点阅历、有点经济基础的老男人，对于我们这种人来说，除非是不想，否则真心没啥泡不上的普通漂亮妞，或者说睡上也行。

这句话，一时引起轩然大波。

因为，老男人的谜之自信与对女性的鄙夷，令我们深感不舒服。

但是，你也不得不承认，天底下确实有些无脑女生，就容易上这种当。

比如郎教授的空姐女友,比如我们身边那些见利则迎、见势则趋的人,被巨款一诱惑，立刻脑子发热，接受婚外情和钱色交易。

如果多一点自爱，多一点独立意志，多一点审时度势的智慧，许多悲剧与闹剧，都不会发生。

一个年轻女生曾给我来信，说自己接受一个男人的包养，为他生了孩子，到头来，房子和孩子什么都没得到。

问我应该怎么办？

我一点办法都没有。

因为，于道德于法理，你都站不住脚，唯一能依恃的，就是那个男人的愧疚心。但貌似现在也已失去。

更悲惨的是，她不仅身心已伤透，钱没得到太多，而且，职业技能几近于零，重新进入职场，已经适应不了了，只能再找一个寄主，继续这种寄生虫式的生活。

鲁迅说："哀其不幸，怒其不争。"

人若自我愚化，自我奴化，自我矮化，怨不得别人俯视你。

如果不乐意，那就站起身来，挺直腰杆，成为直立的大人，负责自己的人生。

"天上掉的馅饼，都是一种诱饵……"多重复几遍这句话，你会少掉许多贪念。

"男人能给你的，你自己努力几年都会有……"多重复几遍这句话，你会少掉许多依赖之心。

不要轻贱自己，不要物化自己，更不要轻易接受直男癌的价值观，事实上，这个时代的女人，都有能力和智慧，活得比想象的更体面，亦能比想象的更骄傲。只要你首先成为真正的人。

离婚是富人的专利，
结婚是穷人的义务

⌣

　　某日在家翻闲书，看到一篇文章，讲结婚是穷人的义务，离婚是富人的专利，深觉有理。

　　举几个例子。

　　身家千万的高富帅拒绝结婚。因为资源充足，又不想财产被瓜分，于是，从容地做着黄金王老五。

　　但土矬穷必须结婚。因为没钱、没能力、没资源，一个人难以支付房子的首付、按揭款、车贷……和一个人结婚，借对方的力量一起来承担，就成了不得不做的事情。

　　离婚呢？更显穷富之别。

　　富人一旦感情破裂，立即离婚，比如默多克，老子有钱，凭什么受你邓文迪的气，过不了，立马滚蛋，花钱换自由，划算！

　　穷人可潇洒不起来。

婚姻再折磨，再如人间地狱，也无法离开。协议一签，财产被分走大半，重新租房，支付孩子抚养费，工资所剩无几，生活质量大幅下降，没几个人愿意。

应对的办法只有两种：

1.出轨，在第三者身上找寄托；

2.熬，忍无可忍，继续忍。

因此，在穷人中，我们会发现离婚率很低。因为离婚之于他们，成本太高，代价太大，他们享受不起。

相反，在明星、富豪、精英人士中，离婚成了极其普遍的现象。

但经济的不独立，还不是穷人不离婚的唯一理由。

比如，一个中产阶级的全职太太，也不算太缺钱，如果离婚，平分到的房、车、存款，也足够她体面地活下去。

但她不离。因为，多年的全职太太生涯，已经让她丧失独立生存的能力，最擅长的技能，不过是处理家务，照顾孩子和讨好一个男人。在职场上，已然成了淘汰品。

那么，离婚对于她，则意味着必须换主，找到另一个可以依傍的对象，方能继续活下去。

可惜年老色衰，在婚姻市场上，显然是劣质尾货，光顾者少，也卖不出好价钱。

这样的婚，她怎么敢离呢？！再委曲，也得求全，再饮泣，也得吞声，男人即便是半年不回家，也得自欺曰："他忙，我要体谅他！"

在离婚这种事上，比之于物质的富庶，精神的富庶更重要。

前者让我们考虑能不能，后者让我们思忖敢不敢。

敢都不敢，从内部就认了输，犹如抽了骨，丧了气，随便男人怎么捏，还离什么婚，还是安心做一辈子合法的女仆吧！

鲁迅在《南腔北调集》中，对这类女人痛斥曰：

她们虽然到了社会上，还是靠着别人的"养"；要别人"养"，就得听人的唠叨，甚而至于侮辱……在没有消灭"养"和"被养"的界限以前，这叹息和苦痛是永远不会消灭的。

翻译一下，就两个字——活该！

相反的是，一个独立的女人，如果不想继续婚姻，就很容易离婚。哪怕没有钱。

比如前些年，我们圈子里曾有一桩轰动一时的新闻，一个中年女作家，爱上了另一个男人，回家就和老公离了婚，净身出户，什么也没要，酷得一塌糊涂。

在这两种女人中，谁贫谁富，一目了然。

全职太太虽富犹贫，女作家虽贫犹富——富在心智，富在魄力，富在自由意志，富在独立意识，富在对爱情与生活的信心。有了这些，离婚还难？我才不信。

还有一种原因，是多数人用以作为借口的，不离婚，是因为孩子。

的确，离婚我们必须要考虑到：

1.你有足够的钱养活自己和孩子吗？

2.你有足够的精力，一边工作，一边陪伴孩子，照顾孩子，教育孩子吗？

3.你有独立强大的人格，成为孩子的榜样，让他健康成长吗？

如果你是物质充裕、精神充实的富人，这些都不是问题。

1的答案是：有啊。

2的答案是：可以请全职保姆。

3的答案是：可能性很大。

因为我始终相信，钱就是底气，智慧就是尊严，选择就是自由。有了这些，腰杆足够硬，教养足够好，视野足够远，就能以身作则地告诉孩子：

结婚不是收梢，离婚也非末路，这都是一种选择。

只要自己想要，努力去要，支付代价，承担后果，那么，生活就会越来越有味、有趣、有种，又有料。

当然，如果你是经济与人格均不独立的穷人，孩子的因素，就会成为你的樊笼，将你永远困在婚姻中，哪怕它变了质，异了味，生了霉斑。

所以说，离婚是富人的特权，结婚是穷人的刚需。

明白了这一点，再有女人在你面前说："你怎么还不嫁人啊？我跟你讲，女人年龄越大，越不值钱的啊，我幸好结婚早，嫁给了我老公……"

那么，你大可以阴阳怪气地回复她："你有个老公了不起啊？有本事你离婚啊！"

女超人赢得世界，
女病人获得爱情

某天在一个群里聊天，说女超人和女病人的差别。

A 说：女超人自我强大，女病人自我虚弱。

B 说：女超人习惯于自力更生，说得最多的是"我要"，"我要年入百万元，我要买豪宅名车，我要周游世界……"女病人热衷于向外求助，说得最多的是"你要"，"你要陪我，你要给我买包包，你不要离开我……"

C 说：女超人集七种武艺，召唤梦想；女病人集七百条裙子，诱惑男人。

D 说：世界是女超人的奖品，爱情是女病人的低保。

……………

金句如云啊。

我一边看，一边感叹大家妙语如珠，同时，也联想起生活中的案例。

　　相亲会上，一个被公认为优秀的朋友，逻辑缜密，行事果决，文凭、智商、职位三高，出人意料的是，她大受冷落。哪怕穿着 GUCCI（古驰）的全新套装，拎着 HERMES（爱马仕）铂金包，仍少有人问津。

　　与她同去的一个女病人，焦虑，情绪化，缺乏安全感，常年看心理医生，但是，在场有两三个男士，都对她有意思。

　　这就令人不解了。

　　照说，二者颜值不分高下，男士青睐的，应该是更优秀、更完美、更理智的女超人，而非女病人。

　　但事实恰恰相反。

　　Fernando Gutiérrez 通过大量问卷调查，发现一个奇怪的现象：

　　具有某些非疾病人格障碍的人，在求偶方面具有明显的优势，他们往往拥有比普通人更多的约会对象，甚至后代。

　　即，男人不坏，女人不爱。

　　同样的，女人不病态，男人也不爱。

　　热播剧《欢乐颂》里，最先获得爱情的，是缺乏理智的、神经质的、控制不住情绪的、容易歇斯底里的邱莹莹。

　　女超人安迪，也只有在露出精神病潜质后，爱情大戏的帷幕才正式拉开。

　　在《红楼梦》里，黛玉和宝钗才貌相当，但获得爱情的，是黛玉。

　　在《左耳》中，拥有爱情最多的，是疯狂的、有自毁气质的吧啦。

　　在《东京爱情故事》里，相比坚强乐观的莉香，柔弱的、阴郁的里美，赢得了更多的男人。

回到你我的生活，你也会发现，男人的目光，都不争气地盯着女病人。

我闺密心直口快，说："你看看，没一个正常人，成天撒娇，落泪，求抱抱，买包包……一身的毛病，怎么还那么招男人喜欢呢？"

没想到，正是这些神经质、疯狂、自恋，使得她们更具魅力。

翻译一下，即：

在爱情的游戏中，病态人格反而有助于撩汉。

2012年，心理学家就已发现，自恋或热衷权谋的人吸引力指数更高。

古铁雷斯将研究更进一步。

他说，具有强迫症倾向的男性，在维持长期伴侣方面更成功。因为，这代表着"男人味"，也代表着认真可靠，富有责任感。

具有神经质倾向的女性，也更擅长维持长期关系。因为，这代表着"女人味"，也意味着更依赖男性，不会轻易背弃。

因此，在婚恋市场上，女神经才是王者。

这并非胡说八道，有大量的科学数据做支撑。在古铁雷斯的研究中，神经质指数最高的一组女性，拥有多于平均值34%的长期伴侣，以及73%的子女。

现在你知道了吧！你没人爱，都是因为男人被这帮病人瓜分了。

前段时间无意中看过一首小诗，叫《神经质》：

我看对女人的这个指控

比放荡还严重一些

这是一个宽容的暗示

介于孩子气和疯狂之间

可以把

所有的努力，一笔勾销

……

有时候我听见我的爱人说

女人总是有点神经质的

这时候他温柔地抱着我

说答应我所有的要求

我就没办法继续讨论下去

既然我是被爱的

…………

　　暂且不说这种暗示是对女性智商温柔的贬低，单就两性关系而言，神经质与被爱之间，已经有了一个约等号。

　　她没有安全感，那你就要加倍爱她。

　　她焦虑，你就要多关心她。

　　她情绪化，你就要温柔相待。

　　在这种潜规则之下，病态被合理化，甚至优越化。那么，女超人赢得世界，女病人获得爱情，就会成为一个普世性现象。

只是，我们都知道，一个病人的爱情，也是病态的。

比如邱莹莹，没几个回合，就被甩。

比如黛玉，被气得吐血身亡。

而身边的女病人，虽然艳遇不断，但也多是烂桃花。看着诱人，实则要命。

只有两个健康的人，才能生发健康的爱情。

心无挂碍，人格独立，各有乾坤。这样，才能成为自由的人与人的相逢，而不是寂寞时互相取暖，孤苦时互相安慰，贫困时施舍与被施舍，虚弱时寄生与被寄生的脆弱关系。

因此，如果你是女病人，不要以此为荣，你所需要的，不是撩汉，而是疗治：成为一个身心健康的成人——或许不完美，但一定要完整。

如何疗治呢？

一句话：做自己的负责人。

别以爱情之名，要他人来负责你的人生。勿以婚姻之名，让他人来拯救你的余生。

任何人都不是生活的救世主，只有自己，才能在人生的危途中，挽狂澜于既倒，扶大厦之将倾。

明白了这一点，成长才会发生。

否则，一辈子都是巨婴，都是妈宝，都是彼得·潘综合征患者，爱得再风生水起，花团锦簇，也不过是一个接一个的悲剧。

真正的恋爱，
就是合并同类项

巴尔加斯·略萨写过一部长篇小说——《坏女孩的恶作剧》。

撇开故事的纬度：拉丁美洲革命、古巴游击战、巴黎左派运动、伦敦的嬉皮士运动、西班牙革命、日本的黑社会文化以及情色产业的兴起等时代背景，单看它的经度，就是一个底线为零的女孩，在各个国家与各种男人之间，睡来睡去的故事。

女主角来自秘鲁贫民区，虚构身份，自称莉莉，混迹于世。与里卡多相识时，十多岁，魅力与心计成正比。

如果要简单一点叙述他们的纠缠，八个字足矣：走走回回，回回走走。

但他拦不住。

半个世纪一晃而过，她成了古巴的女游击队员、罗伯特·阿努克斯夫人、理查森夫人、混迹于日本黑社会的栗子……

从地球以东，跑到地球以西。

从第三世界，跑到第二世界。

像收集邮票一样，收集全世界男人的精液。

很快，莉莉老了，车至穷途，末路一览无余。

回首这半生，她得到了什么？

非人的遭遇，老无所依的归宿，身无分文，一身性病，浑身枯槁。

正如她自己所说："事情很复杂，我跟你说过了，它更像是一种病态。它使我感觉有活力、有用、有激情，但不幸福。"

是的，不幸福。

我相信，对于许多情绪旺盛、理智欠缺的年轻人而言，莉莉简直就是偶像——听从内心的声音，为所欲为，无视道德的束缚。

但如果把她放在心理学领域中，莉莉可没那么神秘。

她就是一个病人。

一种典型案例。

出生于贫民窟，幼年缺爱，遭受常年贬损、暴力对待，于是，内心有巨大的缺憾。

成年以后，就会到外界去寻找能满足她这些缺憾的世界。这是过度补偿式的情感的由来。

补偿式情感越深，渴望越强烈，情感就会越沉重，在个体那里，就会以为是激情。

激情产生于幻想，而幻想产生于痛苦，产生于遭遇。这就是这个心理链条的联结方式。

但这种感情，谁都给不了，它超出了情感能承受的程度和范围。

里卡多满足不了，罗伯特·阿努克斯满足不了，理查森满足不了……于是，她一次次地，跑到下一个男人那里。

一生漂泊，满地狼藉。

回到现实。

对虽然谈不上心智健全，但至少都在努力过智性生活的我们而言，这是一个无须质疑的认知：一个人的心理匮乏，如果以恋爱之名，要他人来补偿，是无济于事的。

因为，真正的感情，不是补偿性的，而是交换性的；

不是单向的，而是双向的；

不是大和小、上和下，而是你和我。

莉莉不懂这一点。

她没有时间，也没有能力反省并自救。

她一生都在追求这种补偿式的感情，得之又失，失之又寻，寻之又得，得之又失……周而复始，最终有如竹篮打水，直到小说结尾，也未能成为健康的自然人。

像莉莉一样的姑娘，在我们身边有很多。

当然，她会以另外的方式表现。

比如，有些女生一直渴望和年长者相恋，有些人习惯做小三，有些人则渴望和混混相处……

前些天，有个女生说："我想嫁个有钱人，有房有车，很疼我……"

她还说，她有女朋友正过着王后般的生活，购置豪宅，奢华婚礼，在朋友圈随便晒点什么，都让她觉得可遇而不可求。

诚然，这样的女孩我也见过，苦心孤诣，嫁了有钱人，名车豪宅，奢侈品云集。

但两年以后，站在一众朋友面前，丈夫对着她恶意发问，她戳在那里，没有临危不乱的本事，也没有拂袖而去的勇气，笨嘴笨舌地说些言不及义的话。

那种委屈、不甘、愤怒与恐惧，使我再次强化了自己的观点：这个世界，从没有捷径可走。

没有实力压阵，没有智慧陪嫁，高攀就是一种高风险的赌博。很大的可能是，你用半生的委屈、愤怒、麻烦……来为它善后。

当然，我没有打击她的愿望，亦没有分析概率，只是觉得，这个成年姑娘的心里，并没有住着一个同样成年的大人，而是一个孩子。

一个孩子是无法恋爱的，她只会索取，只会讨要，只会撒娇耍赖，而不是正视幼年时留下的窟窿与缺憾，勇敢去改变，负责自己的人生。

唯有为自己负责，成长才会缓慢地发生，才能真正来到成人的世界里，与风险相遇，也与幸福相逢。

一个大人才会和另一个大人相爱。

一个大人和一个孩子，只是监护与被监护，赡养与被赡养的关系。

激情是作不得数的。朝生夕死，总有厌倦之时。那时候，只有旗鼓相当的人，才会在爱已殆尽的岁月里，依然形成平衡，继续走下去。

许多年前，听单田芳的评书，别的记不大清了，总记得一句"鸟随鸾凤飞腾远，人伴贤良品自高"，和一句"棋逢对手，将遇良才"，虽不解其意，但觉语感铿锵，十分带劲。

后来理解了，更觉得妙，简直太有道理了，放之四海而皆准啊。

伯牙遇了子期，才会一曲知音，清谈妙论不知返。

潘金莲遇了西门庆，才会在奇淫技巧中，在身体内部，摸索出"庭院深深深几许"的幽秘快乐。

黄药师遇了洪七公、段王爷几个，谈武功才觉得畅快淋漓。

两性关系也是一样，两个人本事不相上下，收入不分伯仲，观念异曲同工，我热衷自由与自律，你相信认真与专业，我是健康的大人，你不是人格残缺的小孩，平等、独立，那就能处到一块儿。

抛个媚眼，调个情，打一炮，换个地方，像莉莉那样的，当然不在此列。

真正的恋爱，像杨过与小龙女，黄蓉与郭靖，都是合并同类项。说到底，芸芸众生，滚滚红尘，无论是形而上的哲学争论，还是形而下的男欢女爱，唯有棋逢对手，旗鼓相当，才会有角智角力的快意、分庭抗礼的妙趣和重峦叠嶂的幸福。

婚姻为什么
让我们变得如此恶毒

婚姻为什么

周末刷了部日剧——《我的危险妻子》，讲一对夫妻相杀的故事，是真的相杀，不是修辞。他们下毒、绑架、电击、骗钱，设尽阴谋，费尽心机，无所不用其极，要致对方于死地。

两人都是心机腹黑族。

表面不动声色，内心翻江倒海；表面温文尔雅，相敬如宾，实际阴险狠辣，步步为营。

而他们的身份，也归属于贵族。

男的是高富帅，女的是白富美，有钱有闲有尊严，甚至，也有过深情，凭着这些东西，一对夫妻本可以安稳幸福地过完这一生。但为什么竟由彼此的蜜糖，变成彼此的匕首？

《我的危险妻子》的电影版是大卫·芬奇的《消失的爱人》，更加惊悚，更加暗黑，对婚姻的本质揭露得更加彻底。

当工于心计的艾米自设骗局，假装被绑架，嫁祸于丈夫，等到惩罚到位时，她割开深爱她的男人的喉咙，回到家中，继续日复一日的谎言、阴谋、算计和表演。

丈夫忍无可忍，有一天，他对着妻子的验孕棒，拒绝承认自己是孩子的父亲。

他说："是的，我爱过你。可后来我们做的事情，就是互相怨恨，互相控制，带给我们的只有痛苦……"

艾米冷冷地说："这就是婚姻。"

然后，他们手牵着手，一起走下楼梯，在众人面前，演出模范夫妻的恩爱日常。

这部电影和电视剧，上映之后，都在世界范围内，引起了不小的轰动。

但，因为是虚构，大多数人只当是茶余饭后的谈资，唏叹一二，调侃一二，舒服地紧张一二，并不会当真。

真的不必当真吗？

怕是不见得。

《圣经》有云：太阳底下，并无新事。

屏幕上的影像，其实是生活中的投影；影视剧中的情节，无非是现实中的提纯。

从迷恋到嫉恨；

从依恋到折磨；

从你侬我侬到不共戴天；

从愿为彼此付出一切，到非争个你死我活；

从"卿应怜我我怜卿"，到"壮志饥餐你的肉，笑谈渴饮你的血"；

从相爱到冷漠到怨恨到相杀……是许多人的现在进行时，或者过去完成时、将来时。

章诒和写过女囚三部曲——《刘氏女》《邹氏女》《杨氏女》。

每一个故事，都有活生生的原型。

其中刘氏女就是一个因无法忍受丈夫的羊角风，有一天趁丈夫酒醉，将他杀死，并做成腌肉的女人。作案手段极其残忍，令人发指。案发之时，当地轰动。

而其他女囚罪行，都有自己的现实指向。

如果说，小说经过艺术加工，变得荒诞不经，不可信任。

那么，大家可以去看看法制新闻以及相关评论。

我曾在一个帖子里，看到一帮人点评一则男朋友因脚踏几只船，被女朋友毒死的新闻，有人说：上药剂课的时候，老师就跟我们说过一种方法，可以让对方不知不觉中毒，一年之后死去，并且发现不了任何症状……

结果，一帮人在询问，是什么方法，求私信告知。

他们想要对付谁呢？

不是别人，不是外人，而是与之耳鬓厮磨、同床共枕、生儿育女、一起生活的那个人。

我们何以走到这般山穷水尽、图穷匕见？

我们何以从伴侣变成仇敌？

我们已经听不见神的声音："爱，就是救赎。"只能听见另一种诅咒："爱，就是刑罚。"

到底是哪里出了问题呢？

心理学家和社会学家共同认为，出现这种悲剧的原因，无非三类：外界的禁锢，内在的匮乏，对亲密关系的认知出现失误。

1.外界的禁锢。即因为种种原因，我们无法离开。

手被火燎了，我们会抽回；脚被石头硌了，我们会绕道。

任何一个人，当遭受痛苦时，下意识的反应就是退避，也就是离开。这是本能。

三十六计，走为上策。

但放在现实生活里，当两个人缔结婚姻，往往不会轻易离婚。

这条捆住他们的绳索，可能是财产，也可能是儿女、资源、人脉、名声、家族压力、惰性或者其他，总而言之，他们会忍受连绵不绝的痛苦，不会立刻止损，选择继续待在一起。

痛苦的婚姻，解决不了，也解脱不了，必然会造成怨气、怒气和戾气的累积、酝酿、发酵、膨胀、爆炸……

长期如此，人自然扭曲，性格大变，轻则终日恶语相向，重则家暴和谋杀，导致悲剧频生。

婚姻便成为漫长的刑期。

2.内在的匮乏。即内心缺失太多，无法接纳自己。

我每天都会收到海量的咨询来信。

阅读这些困惑与烦恼，每每都有一句话跃然而出：充满问题的关系，往往意味着两个充满问题的人。

其中最大的问题，就是我们自己，一直在自我攻击，而非自我接纳。

自我攻击，意味着我们正分裂出一个敌对的自我，与真实的自我天天厮杀。

你越不喜欢自己，敌我就越凶恶，真我就越可怜。

越贬损自己，敌我就越强，真我就越弱。

一弱，就会匮乏。

一匮乏，就会需要很多爱来填补自己，才能补上这个坑。

比如，你的自我评价是负 10 000 分，那么，你就会渴望得到 10 000 分的爱，来弥补自己。

但，如果你的自我评价是负 10 分，那么，别人只需要给予你 10 分的认可，你就会满足。

这也是许多自虐者，很难处理亲密关系的原因。

因为你会一直索取，一直要，一直不满足，以爱之名，形成对对方的控制。

慢慢地，对方会觉得累，觉得你无理取闹，觉得你的爱太让人窒息，他快要透不过气来了。

而可怕的是，这是一个恶性循环。

你越否定自己，就越容易将这种认知投射出去，觉得所有人都不认可你，一旦风吹草动，你就会草木皆兵，认为他们正在贬低你，于是，你愈加需要更多的安慰来平衡这一缺失。

所以，想爱他人，先爱自己。

只有接纳自己，你才能平和地、从容地、实事求是地对待关系中的一切问题。

正如斯科特·派克的《少有人走的路》中所写的那样：

不爱自己的人，绝不可能爱他人。

也有些夫妻，出现了问题，即使没有离婚，即使自身也不圆满，但仍然亲密，情感融洽，令人羡慕。

这也是可能的。

但需要双方的努力。

萨提亚有一句名言：问题本身不是问题，如何应对问题才是问题。说的就是处理方式的重要性。

当然，要妥善地应对，我们先得看见。

3.对亲密关系的认知出现失误。即不仅没有解决问题，反而不断制造问题。

由无变有，由小变大，由可控变不可控，由可解决变不可解决。

关系的维护和问题的处理，得严守以下原则：

1.价值观越相近越好。

两个人的沟通，归根结底，是观念的求同。

因此，越相近，和谐度会越高。

比如，一个自由主义者与一个专制主义者，必然会天天吵架；一个女权主义者与一个直男癌，必然也无法生活。

人以类聚，物以群分，夫妻亦然。

2.求和平，比求对错好。

幸福的家庭里，大家没那么在乎对错，而是更在乎彼此。

因为，对错是二元对立的。

当我们坚持"我对，你错"，就将"我们"，变成了"你"和"我"，彼此对立，成为对抗关系。

越坚持对错，关系越紧张。

你进不来，我出不去。

婚姻需要的，不是谁正确、谁错误，谁高明、谁低下，而是爱是否流动，亲密是否存在。

听见、看见、感受到对方，让两个人联结，有呼，有应，有亲密，才是两性关系中最重要的事情。

3.不要问"你为我做了多少"，而要问"我为你做了多少"。

成天抱怨他人忽视你、冷落你、不关心你……这些，都是从受害者角度，对他人进行的挑剔。

它的本质，就是索取，就是讨要。

这都是破坏性的。

因为，人是不可能无限度给予的，你的索求，必然会形成透支。

一段时间过后，你必然会发现，"他没以前对我好了……"

真正带给关系建设性意义的，是由受害者变成责任者。

由"你为我做过什么"，变成"我为你做过什么"。

然后，你就会努力地修复关系，反省自我，正视问题，用自己的努力和意志，影响一个结果。

4.界限要分明。

许多人认为，伴侣讲究的是"你我不分"。

但界限不明，一定会成为关系的恶性肿瘤，导致矛盾云集，争吵丛生，风险无处不在。

这种感情，要么累人累己，互相折磨；要么分道扬镳，怀恨在心。

我们要明白地告诉对方：我有我的底线，你不可逾越，一旦发生，必然重惩。

比如：不可家暴，不可撒谎，不可不经允许干涉我的私人生活，不可强加自己的意志给对方……

都必须清晰明白，并且严格遵守。如此，许多矛盾就可免除。

在《消失的爱人》末尾，大卫·芬奇用一种画外音，拷问着每个人：

你在想什么？

你感觉怎样？

我们对彼此做了什么？

我们还会做什么？

这几个问题，都在指向我们的困惑。

爱，从不会让人痛苦。

它是慈悲的、自由的、美好的，是庸常生活里的梦想，是暗夜里的光芒，是潦倒时的力量，是困窘时的救赎。

它会让你温柔，如被世界厚待；

它会让你高贵，如被生命祝福；

它会让你美妙，如上帝写给人间的情书。

倘若你感到痛苦，这不是爱的过错，而是说明，你正在伤害爱。

这时候，你就该停下来，好好看看自己，看看这段关系。

然后与爱人一起，努力沟通与觉察，寻找到一条路，借由它，通向幸福，重新回到共同的家。

当我们不在爱里，
我们就在恐惧里

麦当娜在给昔日男友詹姆斯写的情书中，有一封是这样的：

世上只有两种感觉：即爱和恐惧。

世上只有两种语言：为爱和恐惧。

世上只有两种行为：是爱和恐惧。

世上只有两种动因、两个过程、两种架构、两个结果：爱和恐惧，
爱和恐惧。

看到时，觉得麦当娜才华了得，至少，也是一个通透的妙人。

诚然，恐惧与爱，一如阴阳，一如黑暗与光明，从一片虚无中，创
造了这个世界。

只不过，它作用于内心，驱使我们，做出不同的选择。

比如说，恐惧会导致匮乏 → 忽略自身体验 → 向外界寻求认同和依靠 → 活在他人的价值体系 → 疲于奔命地掌控一切 → 害怕失控 → 更加恐惧。

而爱会导致内心平和、富足、美好 → 自我价值感高 → 不依赖外界来进行身份认同 → 选择最热爱的事情 → 享受过程，淡化结果 → 每一步有每一步的喜乐 → 更加爱和富足。

这两者，就是人类行为的原动力。

它们能激发热情，唤醒创造力，让人意志坚定，遇到困难，会调动洪荒之力坚持下去。

因此，有人说，这世间，往往两种人能赢：

一种是被吓大的，比如虎爸狼妈养出来的孩子；

一种是被爱大的，比如傅园慧的逗比家庭养出来的孩子。

从结果来看，这好像没什么不同。

但就心理动力而言，却存在天壤之别。

前者，归根结底，是一种自我迫害。

后者，才是一种自我激励。

我们应该都见过许多这样的人。

在工作上，疲于奔命，夜以继日，甚至焚膏继晷，做得出类拔萃，优秀得让你想雇人杀了他。

你可以说：这是一个完美主义者，一切都尽善尽美，就像一个行走的时钟，一丝不苟地活在世上。

你也可以说：简直是男神，看到你，就看到了方向。

但是，你不知道，他需要定期看心理医生。

他的励志故事里，底色是浓浓的恐惧。

他恐惧失败，恐惧错误，恐惧负面评论，恐惧不被认可，恐惧没面子，恐惧光芒不再、赞誉不再……

他被恐惧推动着，无休无止地咬着牙关，努力下去。

因此，他只是一个成功的奴隶——努力不是主动选择的结果，而是被迫的应对——而不能自我做主的人生，就是被奴役的人生。

我有一个友人，也是一个拼命三郎。

他的微信签名是：要么赢，要么死。很有些破釜沉舟、孤注一掷的意思。

理所当然，他很拼，很努力，事业做得很牛。年纪不大，成就、声望、物质，已让同龄人望尘莫及。

这样看起来，恐惧也没什么不好的。

是的，恐惧会为事业助力。

只是，有一天，他忽然在微信上问我：周冲，有空吗？

我说：请说！

他沉默了很久，终于下决定了似的，告诉我：今天去医院，确诊我得了抑郁症……

后来，又聊起了往事。

他的整个童年，都是在父母的"你如果不考第一，就给我滚出家门""你如果不考上重点大学，你这一辈子就都没希望了"的恐吓中度过，因此，"考第一、"考重点大学"的重要性都被放得无限大。

他像西西弗斯一样，推着这块巨石，不断上山，不敢停止，害怕自己被压成肉泥。

父母的控制与威胁，变成他对自己的控制和威胁。

他一直自我施压，自我鞭笞，自我迫害，不断透支，心力耗竭，慢慢地，感受不到爱与希望。

"我对世界充满绝望。"他说。

他的恐惧，变成强迫意念，稍微失控，就紧张焦虑，等到日甚剧烈，最终，心理防御机制就开始启动——抑郁发生了。

由恐惧所驱使的行为，必然导致更深的恐惧；

由爱所驱使的行为，才会带来更自由的爱。

恐惧和爱都具有各自的吸引力法则。

你爱什么，便吸引什么；你所恐惧的，也会被你所吸引。

往往，隐藏至深的动机，已经决定了事情的过程和结果。

另外再举一个案例。

一个女孩想要减肥，一开始，她也动用了最传统的恐惧疗法。

她在家里贴满纸条：

要么瘦，要么死；

你都已经胖得没朋友了；

你都肥成一只猪了，再这样下去，你会成为天底下最大的笑话……

自我迫害太深，自然引发心理防御。

她迫切地需要多、快、好、省地摆脱这个噩梦。

于是，她选择吃泻药，吃减肥胶囊，节食，一周以后，再也无法忍受，放大胃口大吃一顿，体重又全部回来。

后来，她学会了抠喉咙，但是，这个方法也没有让她瘦下去，相反，因为知道能抠出来，她的暴饮暴食发作得更加厉害，体重也只是维持最初的水平，并没有瘦下去，而身体却一点点垮了。

真正的减肥，从她开始接受心理治疗开始。

医生告诉她，你很好，请学着停下自我虐待和惩罚，爱自己，做真正让自己快乐的事情……

她开始思考：我不是自己的敌人，我是自己的母亲，也是自己的孩子。我要像对待至爱一样，对待我自己。

然后，她用一种新的方式与自己相处。

吃饭吃饱了，就不吃了，因为，再吃下去，就会难受，她不想责罚自己。

她带领自己，走出家门，去散步，去逛繁华的街道，去看戏和听演唱会，像奖励一样，厚待着自己的躯壳。

她逐渐感到身体的轻盈，由内而外的轻盈。

再后来，她开始跑步，并不强求，想跑就跑，也不在乎跑多远……但断断续续持续了一段时间，她感受到了跑步的快乐，那种酣畅淋漓，那种舒服的疲惫，让她觉得很爽。

之后，一直稳定地跑了下去……

带着爱的力量做事，成功总是最轻松的。

半年后，她有史以来，第一次成功地瘦了10多斤。但她并没停止，在夜幕来临时，都会走出家门，跑上一段。

减肥也好，事业也罢，关系亦然，驱使我们开始的原动力，都是一样的：恐惧与爱。

但不同的原动力，却会导致不同的结局。

前者会让你困在坚硬的"要要要""必须必须必须""不得不"中，感到无尽的痛苦。

后者会让你在"我能""我选择""我喜欢""我满足"中，感到无尽的喜乐。

当然，恐惧与爱，往往没有绝对的界限，它们可以并存，也可以互相转换，并且永不消失。

该如何应对呢？

1. 当恐惧来临，去听恐惧的声音。

去听，恐惧正在说话。

它说自己怕。怕他人，怕自己，怕环境。

聆听之后，修正它，或者利用它，让生活的掌控权重新回到你手上。

2.只有爱，能带来喜乐。

向外寻求，不管得到多少，恐惧都不会停歇，它会不断变化着方式，出现在生活里。

只有把焦点转向内在，看见自己，就是爱，就是圆满，就是慈悲，我们才能真正喜乐，并一直活在爱中。

最后你爱上的，
都是愿意陪你说废话的人

我最初写作时，认识了一帮诗人。

其中一个，已经40多岁，但内心柔软，见到世间至纯至美，仍会满眼潸然，就像奈保尔在《B. 华兹华斯》中写的孤独的诗人，看到一朵初生的牵牛花，都会掉下眼泪。

"如果你是个真正的诗人，所有事情都能让你哭出来。"

他就是这样。

善感得令人发指，许多被生活欺负成铜皮铁骨石头心的大人都觉得不解，甚至隐隐害臊——"一天到晚泪涔涔，简直是……""怎么这么不接地气呢？""诗人，果然是第三性别的物种啊……"

他大概也听过这些质疑与讥讽。

后来学会在他人嘲弄自己之前，先自嘲一二：所谓诗歌，无非废话。

　　又不甘，犹豫了半晌，加上后缀语：每一句废话上面，都坐着审判的眼睛。

　　认识他一两年以后，听说恋爱了。一个俊美的女人，老师，文艺范，也夹着些妖冶。

　　乍听闻时，我极其疑惑：啊？从外貌与身份来看，他们俩，不太可能啊……

　　后来坊间开始流传一件事，听到时，我忽然明白了。

　　夜里，他在乡间无眠，忽然看到天上有大月亮，银光四泄，星辰低得你一伸手，就可以收入掌中。

　　他重又伤感，千般感叹，却无人知会。

　　但他特别想找一个人，告诉对方：人间绝景勿辜负。

　　翻遍手机，只有她，成了唯一打扰却不嫌突兀的人。

　　他打了电话，说："月亮很大……"

　　她披衣起床，掀开窗帘，看着城市的浓尘中，竟然真的停着一轮月亮——明亮的、阔大的、柔美到极致的月亮。

　　她也怔住了。

　　他们沉默下来，在那寂静与大美中，领略着一种"天知、地知、你知、我知"的清凉的、微疼的快意。那一刻，他们与世隔绝，他们站在这份绝美的秘密之中，感到有些东西，正在发生变化。

　　再后来，从月光，聊到星光，聊到烟雨长湖、岁月山河，他说他想做个养蜂人，哪里繁花盛开，就走到哪里去；她说她想做个收集梦的人，去每一个人的黑夜里，将满地的梦扫起来，晒干，钉在墙上。

一场一场的废话，说得连绵不绝。

她不审判，他不挑剔，她不打断，他不总结。

只是不停地说，说得满心欢喜，又暖意蓬生。就这样，结结实实地爱上了。

怎能不爱呢？

那么热络，又那么亲近。

就像石头与木头，反复摩擦，必会生出火来。

美国有部旅行电影，叫《爱在黎明破晓前》。

讲了一对陌生男女，在前往维也纳的列车上，因为投缘，拼着抢着说话，聊得不亦乐乎。

聊的是什么呢？

都是些无关紧要的事，不值一提的信息。

但，借以这些无用的语言，他们像两块磁石，被牢牢地吸在了一起。

那一天，他们经历了一生中最愉快的事情。

日落以后，黎明到来，他们分开，走上各自的旅途。

但，从此以后，他为她写了半生的文字。

她寻找了他整整十年。

《言语的秘密生活》，也是一个类似的案例。

贾维尔·卡马拉因眼睛受伤，在海上等待治疗。

朱莉·克里斯蒂阴错阳差，成了他的护工。

因眼疾，贾维尔连朱莉的长相都未曾见过。但，就因为那几天的倾心长谈，说童年，说往事，说各自的恐惧与伤害，一串接一串的废话，打发了一寸接一寸的时光，他们不知不觉爱上了。

后来，朱莉离开，回到自己的世界。

当贾维尔睁开眼睛，第一件事就是找遍半个世界，去追寻那个陪他说话的人。

正是这些林林总总的事例，使我感到，通往女人内心的，不只是阴道，还有耳朵；

通往男人内心的，不只是胃，还有语言。

我们最终爱上的，都是那个愿意陪我们说废话的人。

在婚恋心理上，可言语，可废话，可"连朝语不息"，意味着具备两个积极因素：

1.价值观相投

话逢知己千句少，若不投机半句多。

话多，则意味着相投，你接纳我的观点，我接纳你的态度。这样，沟通成本小、效率高，爱情生发的可能性就会大幅增加。

2.愿意沟通

在爱里，最可怕的，不是自私，不是伤害，而是拒不沟通。

不沟通，爱就被判了死刑。

你在你的世界里，我在我的世界里，彼此成了平行世界，永难交合。

而沟通，则可以借由语言之桥，进入对方内心。然后，形成内在的联结。

联结形成，亲密便会发生。

《艺术人生》里，朱军采访王志文："40 岁了怎么还不结婚？"

"没遇到合适的。"

"你到底想找个什么样的女孩？"

王志文想了想，说："就想找个能随时随地聊天的。"

"这还不容易？"

"不容易。比如你半夜里想到什么了，你叫她，她就会说：'几点了？多困啊，明天再说吧。'你立刻就没有兴趣了。有些话，有些时候，对有些人，你想一想，就不想说了。找到一个你想跟她说、能跟她说的人，不容易。"

半夜想到的什么，多半是与钱、与名、与权无关的东西，它们多半轻飘飘、浮荡荡，比如诗人的月光，布拉格的斑驳树影，童年时的小恐惧……都不足为外人道也，你只会把它留给最亲密的人，一起慢慢消磨。

最好的时光，都是无用的时光。

最好的感情，都建立在无用的话语之上。

因此，你会在生活里，发现一种现象。

不爱，废话会越来越少。日常沟通，会精简到事务性交代，干巴巴、冷冰冰，像一堵墙对另一堵墙，一座冰山对另一座冰山。

若爱，你会连寻常小事，都能聊上千万次而不嫌烦。

文初提及的诗人曾说："废话三万句，只扰一二人。"

方岳则云："不如意事常八九，可与语人无二三。"

最终，你会发现，那"只扰"的一二人，那"可与语"的二三，都成了你最重要的人。若是同性，则成知己；若是异性，多成爱人。

图书在版编目（CIP）数据

我更喜欢努力的自己 / 周冲著 . —长沙：湖南文艺出版社，2017.5
ISBN 978-7-5404-8057-8

Ⅰ . ①我… Ⅱ . ①周… Ⅲ . ①成功心理－通俗读物 Ⅳ . ① B848.4-49

中国版本图书馆 CIP 数据核字 (2017) 第 076004 号

上架建议：畅销书·励志

WO GENG XIHUAN NULI DE ZIJI
我更喜欢努力的自己

作　　者：周　冲
出 版 人：曾赛丰
责任编辑：薛　健　刘诗哲
监　　制：蔡明菲　邢越超
选题策划：李　娜
特约编辑：尹　晶
封面设计：林果果
插　　画：MILKY·Ko
版式设计：李　洁
营销推广：李　群　张锦涵
出版发行：湖南文艺出版社
　　　　　（长沙市雨花区东二环一段 508 号　邮编：410014）
网　　址：www.hnwy.net
印　　刷：北京尚唐印刷包装有限公司
经　　销：新华书店
开　　本：880mm×1270mm 1/32
字　　数：230 千字
印　　张：10
版　　次：2017 年 5 月第 1 版
印　　次：2017 年 5 月第 1 次印刷
书　　号：ISBN 978-7-5404-8057-8
定　　价：42.00 元

质量监督电话：010-59096394
团购电话：010-59320018